建筑施工企业主要负责人、项目负责人和专职安全生产管理人员
安全生产考核丛书

建筑施工企业主要负责人（A 类）
安全生产考核

国家安全生产专家组建筑施工专业组
首都经济贸易大学建设安全研究中心 组织编写

陈大伟 主编
赵欢腾 任 冬 陈卫卫 副主编

中国建筑工业出版社

图书在版编目（CIP）数据

建筑施工企业主要负责人（A类）安全生产考核 / 国家安全生产专家组建筑施工专业组，首都经济贸易大学建设安全研究中心组织编写．北京：中国建筑工业出版社，2018.12（2022.7重印）
（建筑施工企业主要负责人、项目负责人和专职安全生产管理人员安全生产考核丛书）
ISBN 978-7-112-22849-2

Ⅰ. ①建… Ⅱ. ①国… ②首… Ⅲ. ①建筑施工企业-安全生产-岗位培训-教材 Ⅳ. ①TU714

中国版本图书馆CIP数据核字（2018）第243218号

本书是《建筑施工企业主要负责人、项目负责人和专职安全生产管理人员安全生产考核丛书》中的一本，全书共分为12章，包括：建筑施工安全生产管理概述、建筑施工安全管理基本理论、工程建设各方主体安全生产法律义务与法律责任、建筑施工企业安全生产管理、建筑施工企业安全技术管理、建筑施工企业设备和防护用品安全管理、建筑施工企业安全生产资质资格管理、施工现场管理与文明施工、建筑施工安全技术、建筑施工生产安全事故调查与处理、国内外建筑安全生产管理经验、建筑施工生产安全典型事故案例以及书后的两章附录。本书内容全面，另配有二维码，扫码即可做题。

本书可供建筑施工企业主要负责人（A类）培训考核使用。

责任编辑：范业庶　张伯熙
责任校对：张　颖

**建筑施工企业主要负责人、项目负责人和专职安全生产管理人员
安全生产考核丛书
建筑施工企业主要负责人（A类）安全生产考核**

国家安全生产专家组建筑施工专业组
首都经济贸易大学建设安全研究中心　组织编写
陈大伟　主编
赵欢腾　任　冬　陈卫卫　副主编

*

中国建筑工业出版社出版、发行（北京海淀三里河路9号）
各地新华书店、建筑书店经销
北京建筑工业印刷厂制版
北京建筑工业印刷厂印刷

*

开本：787×1092毫米　1/16　印张：$11\frac{3}{4}$　字数：289千字
2019年4月第一版　2022年7月第二次印刷
定价：**38.00**元
ISBN 978-7-112-22849-2
（32812）

丛书编写委员会

主　编： 陈大伟　国务院安委会专家咨询委员会建筑施工专业委员会

国家安全生产专家组建筑施工专业组副组长

首都经济贸易大学建设安全研究中心主任

副主编： 张英明　国务院安委会专家咨询委员会建筑施工专业委员会

国家安全生产专家组建筑施工专业组专家

山东省住房和城乡建设执法监察总队副队长

王静宇　国务院安委会专家咨询委员会建筑施工专业委员会

国家安全生产专家组建筑施工专业组专家

中国建筑（一局）集团安全管理部部长

王凯晖　国务院安委会专家咨询委员会建筑施工专业委员会

国家安全生产专家组建筑施工专业组专家

北京市建设机械与材料质量监督检验站站长

陈　红　国务院安委会专家咨询委员会建筑施工专业委员会

国家安全生产专家组建筑施工专业组专家

原中国建筑（一局）集团科技部教授级高工

王永华　国务院安委会专家咨询委员会建筑施工专业委员会

中铁建设集团北京指挥部总经理

汤玉军　国家安全生产专家组建筑施工专业组专家

中建地下空间有限公司副总经理

杨金锋　国家安全生产专家组建筑施工专业组专家

北京天恒建筑工程有限公司总工程师、副总经理

曹一鸣　中国安全生产科学研究院理论法规标准研究所副所长

解金箭　北京城建集团安全管理部部长、高级工程师

乔　登　中国建筑股份公司安全生产监督管理局高级经理

陈燕鹏　中建八局华北分局安全总监

王维宇　中铁建设集团安全管理部部长

孟凡龙　北京市政路桥股份有限公司安全管理部部长、高级工程师

黎　浩　广西建筑施工质量安全监督总站总工程师

伊同伟　中建二局第一建筑工程有限公司副总经理、高级工程师

韩建成　北京城建六公司副总经理、教授级高工

张　伟　中国建筑一局（集团）总承包公司项目经理

编　委：卢希峰　韩立军　高永虎　金柴君　彭　展　王长海　尹仕辽　董建伟
高为全　郝正可　任　冬　杨又申　王　朝　高　蕊　高　磊　扈其强
康　宸　李炳胜　王海洋　贺　志　刘　锦　罗贵波　董俊晨　吴硕鹏
李拓宏　曾庆江　熊新华　夏　亮　李永琰　章　鹏　张心红　万建璞
陈建新　王恒任　于　强　王　忻　魏　征　李亚楠　戎建军　李　哲
陈　昕　吕北方　陈卫卫　齐志恩　刘华丽　李艳超

本书编写组

主　　编：陈大伟
副 主 编：赵欢腾　任　冬　陈卫卫
编写人员：万建璞　郝正可　刘　锦　贺　志
李永琰　章　鹏　张广耀　乔　登
陈燕鹏

丛书前言

建筑业独特的产业特征和生产方式，决定了其在世界各国都成为最危险的行业之一。近年来，我国建筑施工安全生产形势持续好转，自2003年起，事故起数和死亡人数持续下降。但2012年以后下降空间幅度趋于减小，尤其在2016、2017年事故起数和死亡人数均连续出现上涨，并且期间造成重大人员伤亡的群死群伤事故仍时有发生，建筑业安全生产形势依然严峻，严重影响了我国建筑业的持续健康发展。

党和政府历来高度重视建筑施工安全生产工作，近年来出台了一系列法律、法规、技术标准和规范，不断加大监管力度，规范建设工程各方主体行为，尤其是针对直接从事施工生产活动、承担安全生产第一责任主体的建筑施工企业，从安全生产许可、人员资格、组织机构、管理制度、教育培训、技术保障、文明施工等方面，都做出了明确规定，这些举措为建筑施工企业不断提高安全管理水平起到了至关重要的作用。

近年来建筑施工生产安全事故调查结论中，施工单位安全责任不落实、安全管理不到位是经常被提及的原因。但是，之所以安全责任不落实，是施工企业的负责人（高层领导）缺乏安全责任心，而安全管理不到位，则是由于项目负责人（项目经理）不能有效落实各项安全管理制度，一线安全管理人员由于普遍欠缺安全管理知识，导致安全管理能力严重不足。因此，为全面提高建筑施工企业各级领导和安全管理人员的安全知识和安全管理能力，住房和城乡建设部出台了《建筑施工企业主要负责人、项目负责人和专职安全生产管理人员安全生产管理规定》（以下简称“三类人员”安全管理规定）（住房城乡建设部令第17号），并且将“三类人员”考核资格证书作为施工企业资质申请、安全生产许可证申请及延期、招投标、项目施工备案等活动的前提条件之一。可以说，“三类人员”安全资格证书已经成为关系到建筑施工企业生存发展的一项重要制度。

根据住房和城乡建设部《建筑施工企业主要负责人、项目负责人和专职安全生产管理人员安全生产管理规定实施意见》中的安全生产考核大纲内容，本届（第五届）国家安全生产专家组建筑施工专业组组织部分专家编写了本丛书。丛书针对当前我国建筑施工安全形势，紧密结合国家最新安全生产政策、建筑施工法律法规、技术标准、规范以及建筑业改革发展的最新要求，阐述了建筑施工安全管理的基本理论和方法，分析了工程建设各方主体安全责任，详细介绍了建筑施工企业安全生产责任制、安全管理制度，建筑施工安全技术、事故应急救援和调查处理等内容，借鉴了国外建筑施工安全生产管理经验，对近年来我国建筑施工生产安全典型事故案例进行了分析。

本丛书包括《建筑施工企业主要负责人（A类）安全生产考核》、《建筑施工企业项目负责人（B类）安全生产考核》、《建筑施工企业专职安全生产管理人员（C1类）安全生产考核》、《建筑施工企业专职安全生产管理人员（C2类）安全生产考核》、《建筑施工企业专职安全生产管理人员（C3类）安全生产考核》，共计五本书。丛书内容翔实，覆盖了建筑施工企业安全生产管理的全过程。每本书均配复习试题，可扫二维码答题，以利于建筑施工企业各级管理人员掌握主要知识点并顺利通过考核。丛书除了可以满足建筑施工企业各级领导和安全管理人员使用，对政府安全监管人员、大专院校广大师生也是一套很有指导意义的参考书。

本丛书是我国建筑施工安全生产工作最新成果的阶段性总结，凝聚了业内诸多安全技术和安全管理专家的智慧和宝贵经验，期望能帮助包括建筑施工企业主要负责人、项目负责人和专职安全管理人员树立正确的安全理念、掌握科学的安全管理方法和安全技术知识，进而带动我国建筑业近5000万从业人员安全素质的全面提升，推动我国建筑业安全生产形势的根本好转。

丛书编写委员会

2019年2月

本书前言

《建筑施工企业主要负责人、项目负责人和专职安全生产管理人员安全生产管理规定》（中华人民共和国住房和城乡建设部令第17号）中的建筑施工企业主要负责人（A类），包括法定代表人、总经理（总裁）、分管安全生产的副总经理（副总裁）、分管生产经营的副总经理（副总裁）、技术负责人、安全总监等，上述人员也被认为是建筑施工企业的领导层。

建筑施工企业领导层对于安全生产的态度、承诺和行为对于安全生产有着更重要的影响。由于建筑施工企业和项目分离的特点，企业领导很少直接参与项目生产管理，其对项目安全生产工作的管理主要是通过企业安全理念、安全政策、安全承诺和执行力等要素表达出来的，如果施工企业领导对安全没有很好的重视程度，可想而知，在项目层面的安全生产是不会得到重视的，企业的各项安全管理制度是无法得到全面有效落实的，这也是我国建筑施工安全生产事故多发的一个重要原因之一。因此，只有建筑施工企业领导层从内心拥有了生命第一、尊重生命的安全理念，遵守安全承诺，有效落实企业各项安全管理制度，表现出良好的安全态度和对安全生产工作的支持，建筑施工企业安全生产才能从根本上得到保障。

住房和城乡建设部颁布的《建筑施工企业主要负责人、项目负责人和专职安全生产管理人员安全生产管理规定实施意见》中，对建筑施工企业主要负责人（A类）安全管理知识和安全管理能力提出了具体考核要求。本书除了在满足上述考核内容的要求外，对建筑施工企业主要负责人（A类）在安全生产管理中的重要作用、安全管理的方式以及安全生产法律责任进行了阐述，希望能对建筑施工企业主要负责人有效落实安全责任，提升自身安全管理能力，起到抛砖引玉的作用。

由于编者水平有限以及时间仓促，书中肯定存在不当和疏漏之处，欢迎读者指正。联系邮箱: cuebcsrc@163.com，电话: 010-83952632。

本书编写组

2019年2月

扫码做题

1. 打开微信扫一扫，扫描下方的二维码，可以登录扫码做题。

2. 题目由国家安全生产专家组建筑施工专业组组织有关权威专家编写，与多省市“三类人员”考核题库贴合度高，全面、权威。

3. 题目分单项选择题、多项选择题、判断题三种题型，共有1000多道题。

4. 每做完一题即可查看参考答案和答题正确情况，方便理解掌握相关知识点。

5. 因专家老师辛勤劳动付出，扫码做题为低价有偿服务，敬请理解。

6. 有疑问请拨打热线400-818-8688，人工客服将为您解答（工作时间：每日9:00-21:30）。

（A类人员）

目　录

第1章　建筑施工安全生产管理概述 …… 1
1.1　我国建筑施工安全生产形势 …… 1
1.1.1　建筑施工生产安全事故情况 …… 1
1.1.2　建筑施工生产安全事故类型 …… 2
1.1.3　我国建筑安全生产形势判断 …… 3
1.2　我国建筑施工安全生产方针政策 …… 4
1.2.1　安全生产理念 …… 4
1.2.2　安全生产方针 …… 4
1.2.3　安全生产管理体制 …… 5
1.2.4　建筑施工安全法律法规与标准规范 …… 5
1.3　建筑业改革发展给安全生产带来的挑战 …… 9
1.3.1　改革发展要点 …… 9
1.3.2　安全生产具体改革举措 …… 10
1.4　建筑施工企业负责人（A类人员）的安全管理 …… 11
1.4.1　企业负责人在安全生产管理中的重要作用 …… 11
1.4.2　企业负责人（高级管理层）安全管理方式 …… 12
1.4.3　A类人员安全管理职责 …… 13
1.4.4　A类人员主要法律责任 …… 14

第2章　建筑施工安全管理基本理论 …… 16
2.1　事故致因理论 …… 16
2.1.1　古典事故致因理论：人的不安全行为和物的不安全状态 …… 16
2.1.2　现代事故致因理论：人—机—环境系统可靠性不足 …… 17
2.1.3　系统化事故致因理论：组织安全管理失误 …… 18
2.1.4　当代事故致因理论：组织安全文化欠缺 …… 19
2.1.5　建筑施工事故致因模型 …… 20
2.2　安全管理基本原理与安全生产法则 …… 22
2.2.1　系统原理 …… 22
2.2.2　人本原理 …… 24
2.2.3　预防原理 …… 25
2.2.4　强制原理 …… 25
2.2.5　安全管理法则 …… 26

第3章　工程建设各方主体安全生产法律义务与法律责任……29
3.1　建设单位安全责任与法律责任……29
3.1.1　建设单位（业主）安全责任……29
3.1.2　建设单位安全生产法律责任……30
3.2　施工单位安全责任与法律责任……31
3.2.1　施工单位安全责任……31
3.2.2　施工单位安全生产法律责任……33
3.3　监理单位安全责任与法律责任……34
3.3.1　监理安全责任定位……34
3.3.2　监理单位安全生产法律责任……35
3.4　勘察、设计单位安全责任与法律责任……35
3.4.1　勘察、设计单位安全责任……35
3.4.2　勘察、设计单位安全生产法律责任……35
3.5　其他相关方安全责任与法律责任……36
3.5.1　其他相关方安全责任……36
3.5.2　其他相关方安全生产法律责任……36
第4章　建筑施工企业安全生产管理……38
4.1　安全生产责任制……38
4.1.1　法律法规要求……38
4.1.2　安全生产责任制的基本含义……38
4.1.3　安全生产责任制制定的原则与程序……38
4.1.4　建筑施工企业安全生产责任制的内容……39
4.2　安全生产组织机构保障制度……39
4.2.1　法律法规要求……39
4.2.2　建筑施工企业安全生产管理机构职责及安全管理人员配备要求……40
4.2.3　项目安全生产管理机构职责及安全管理人员配备要求……40
4.3　安全文明资金保障制度……41
4.3.1　法律法规要求……41
4.3.2　安全文明施工措施费构成及计提规定……42
4.3.3　安全文明施工措施费使用计划及范围……42
4.3.4　安全文明施工措施费使用管理规定……43
4.4　安全生产教育培训制度……44
4.4.1　法律法规要求……44
4.4.2　安全生产教育培训对象及要求……45
4.4.3　安全生产教育培训时间要求……45
4.4.4　安全生产教育培训计划制定……46

4.4.5　安全生产教育培训内容 …………………………………… 46
4.4.6　安全教育培训方法和形式 …………………………………… 48
4.5　安全检查制度 …………………………………… 48
4.5.1　法律法规要求 …………………………………… 48
4.5.2　安全检查的内容 …………………………………… 48
4.5.3　安全检查的方式 …………………………………… 49
4.5.4　安全检查的程序 …………………………………… 50
4.5.5　施工现场安全检查 …………………………………… 50
4.6　隐患排查治理制度 …………………………………… 51
4.6.1　法律法规要求 …………………………………… 51
4.6.2　隐患排查治理制度内容 …………………………………… 51
4.6.3　隐患排查治理实施 …………………………………… 51
4.7　安全生产标准化 …………………………………… 52
4.7.1　法律法规要求 …………………………………… 52
4.7.2　安全生产标准化内涵 …………………………………… 53
4.7.3　安全生产标准化内容 …………………………………… 53
4.7.4　安全生产标准化考评 …………………………………… 54

第5章　建筑施工企业安全技术管理 …………………………………… 57
5.1　施工组织设计 …………………………………… 57
5.1.1　法律法规要求 …………………………………… 57
5.1.2　定义与分类 …………………………………… 57
5.1.3　编制原则与依据 …………………………………… 58
5.1.4　安全生产内容 …………………………………… 58
5.1.5　编制和审批 …………………………………… 58
5.2　危大工程安全管理 …………………………………… 58
5.2.1　法律法规要求 …………………………………… 58
5.2.2　危大工程范围 …………………………………… 59
5.2.3　专项施工方案编制 …………………………………… 60
5.2.4　专项施工方案专家论证 …………………………………… 60
5.2.5　现场安全管理 …………………………………… 61
5.3　危险源控制制度 …………………………………… 62
5.3.1　法律法规要求 …………………………………… 62
5.3.2　危险等级划分 …………………………………… 62
5.3.3　危险源辨识方法 …………………………………… 62
5.3.4　危险源辨识程序 …………………………………… 62
5.3.5　危险源监控 …………………………………… 63
5.4　安全技术交底 …………………………………… 63
5.4.1　法律法规要求 …………………………………… 63

5.4.2　安全技术交底的作用 …… 64
5.4.3　安全技术交底的程序和要求 …… 64
5.4.4　安全技术交底的主要内容 …… 65
5.5　安全技术资料管理 …… 66
5.5.1　安全技术资料管理的作用 …… 66
5.5.2　安全技术资料管理要求 …… 66
5.5.3　安全技术资料主要内容 …… 67

第6章　建筑施工企业设备和防护用品安全管理 …… 69

6.1　法律法规要求 …… 69
6.2　机械设备安全管理 …… 69
6.2.1　施工机械设备购置和租赁 …… 69
6.2.2　施工机械设备安装和拆除 …… 70
6.2.3　施工机械设备使用管理 …… 70
6.2.4　施工机械设备日常检查和维修 …… 71
6.2.5　施工机械设备报废 …… 71
6.3　劳动防护用品管理 …… 71
6.3.1　劳动防护用品的分类及配备 …… 72
6.3.2　劳动防护用品使用管理 …… 72

第7章　建筑施工企业安全生产资质资格管理 …… 73

7.1　安全生产许可证 …… 73
7.1.1　安全生产许可制度的产生 …… 73
7.1.2　安全生产许可证的申领与管理 …… 74
7.1.3　安全生产许可证的动态监管 …… 74
7.2　特种作业人员职业资格管理 …… 75
7.2.1　特种作业人员定义 …… 75
7.2.2　特种作业人员的基本资格条件 …… 75
7.2.3　特种作业人员考核与发证 …… 75
7.2.4　特种作业人员主要职责 …… 76
7.2.5　特种作业人员管理 …… 76
7.3　分包单位资质和人员资格管理 …… 76
7.3.1　分包单位管理 …… 76
7.3.2　分包单位人员资格管理 …… 77
7.4　安全生产保险 …… 78
7.4.1　工伤保险 …… 78
7.4.2　意外伤害保险 …… 80
7.4.3　安全生产责任保险 …… 80

第8章　施工现场管理与文明施工 …… 82
8.1　法律法规要求 …… 82
8.2　施工现场的平面布置与划分 …… 83
8.2.1　施工总平面图编制的依据 …… 83
8.2.2　施工平面布置原则 …… 83
8.2.3　施工总平面图表示的内容 …… 83
8.2.4　施工现场功能区域划分及设置 …… 84
8.3　封闭管理与施工场地 …… 84
8.3.1　封闭管理 …… 84
8.3.2　场地管理 …… 85
8.3.3　道路 …… 86
8.4　临时设施 …… 86
8.4.1　临时设施的种类 …… 86
8.4.2　临时设施的结构设计 …… 87
8.4.3　临时设施的选址与布置原则 …… 87
8.4.4　临时设施的搭设与使用管理 …… 87
8.5　安全标志 …… 90
8.5.1　安全标志的定义与分类 …… 90
8.5.2　安全标志平面布置图 …… 91
8.5.3　安全标志的设置与悬挂 …… 91
8.6　卫生与防疫 …… 92
8.6.1　卫生保健 …… 92
8.6.2　现场保洁 …… 92
8.6.3　食堂卫生 …… 92
8.6.4　饮水卫生 …… 93
8.7　职业健康 …… 93
8.7.1　建筑行业职业病危害工种 …… 93
8.7.2　职业病危害防控措施 …… 93
8.7.3　职业健康监护 …… 94
8.7.4　职业病应急救援 …… 94

第9章　建筑施工安全技术 …… 96
9.1　基坑工程安全技术 …… 96
9.1.1　基坑工程定义 …… 96
9.1.2　基坑工程从业企业资质管理 …… 96
9.1.3　基坑工程前期安全管理 …… 97
9.1.4　基坑工程施工安全管理 …… 98

9.1.5　基坑工程监测 ……………………………………………………99
9.2　高大模板支撑工程安全技术 ……………………………………………99
9.2.1　高大模板支撑工程安全技术 …………………………………………99
9.2.2　高大模板支撑专项施工方案管理 ……………………………………100
9.2.3　实施过程的验收管理 …………………………………………………100
9.2.4　监督管理 ………………………………………………………………100
9.3　脚手架工程安全技术 ……………………………………………………101
9.3.1　脚手架分类及形式 ……………………………………………………101
9.3.2　脚手架工程施工安全一般规定 ………………………………………101
9.3.3　脚手架工程搭拆控制措施 ……………………………………………102
9.3.4　脚手架工程检查与验收管理要求 ……………………………………102
9.4　建筑起重机械安全管理 …………………………………………………103
9.4.1　建筑施工起重机械的监督管理 ………………………………………103
9.4.2　建筑施工起重机械的管理单位与职责 ………………………………103
9.4.3　建筑施工起重机械设备登记管理 ……………………………………105
9.4.4　禁止和限制使用的设备 ………………………………………………107
9.4.5　建筑施工起重机械设备安装质量验收与检验检测管理 ……………107
9.4.6　建筑起重机械安全使用管理 …………………………………………107
9.5　施工现场临时用电安全技术 ……………………………………………108
9.5.1　临时用电管理 …………………………………………………………108
9.5.2　临时用电组织设计 ……………………………………………………109
9.5.3　临时用电基本要求 ……………………………………………………109
9.5.4　临时用电安全技术 ……………………………………………………110
9.6　高处作业安全技术 ………………………………………………………112
9.6.1　高处作业的定义与分级 ………………………………………………112
9.6.2　高处作业安全管理要求 ………………………………………………113
9.6.3　高处作业的安全防护技术 ……………………………………………114
9.7　施工现场防火和电、气焊（割）作业安全技术 ………………………117
9.7.1　消防责任 ………………………………………………………………117
9.7.2　施工现场消防管理要求 ………………………………………………118
9.7.3　施工现场消防管理技术 ………………………………………………119
9.7.4　施工现场各类作业防火管理 …………………………………………121
9.8　有限空间作业安全技术 …………………………………………………123
9.8.1　有限空间作业种类 ……………………………………………………123
9.8.2　有限空间作业安全技术 ………………………………………………123

第10章　建筑施工生产安全事故调查与处理 ……………………………125

10.1　法律法规要求 ……………………………………………………………125
10.2　生产安全事故定义与特征 ………………………………………………125

10.2.1 生产安全事故的定义 …… 125
10.2.2 生产安全事故特征 …… 126
10.3 生产安全事故调查 …… 126
10.3.1 事故调查组的组成 …… 126
10.3.2 事故调查组的职责 …… 127
10.3.3 事故调查组的程序 …… 127
10.3.4 事故调查报告 …… 127
10.4 生产安全事故处理 …… 128
10.4.1 事故调查报告的批复 …… 128
10.4.2 法律责任 …… 128
10.4.3 处罚细则 …… 128

第11章 国内外建筑安全生产管理经验 …… 130

11.1 各国建筑业安全法律法规 …… 130
11.1.1 美国《职业安全与健康法》（OSHACT）摘要 …… 130
11.1.2 英国有关安全与健康法规 …… 134
11.2 国外建筑施工实现“零事故率”目标的经验 …… 136
11.2.1 项目实施前制定安全计划 …… 136
11.2.2 全员参与安全教育培训 …… 136
11.2.3 安全绩效评价与奖惩制度 …… 137
11.2.4 重视事故调查 …… 137
11.2.5 改进分包商的安全管理 …… 138
11.2.6 在设计中考虑施工安全 …… 138
11.2.7 发挥安全中介服务机构作用 …… 139
11.2.8 营造良好安全文化氛围 …… 139

第12章 建筑施工生产安全典型事故案例 …… 141

12.1 近年来重、特大建筑施工生产安全典型事故案例 …… 141
12.1.1 江西丰城电厂“11·24”坍塌事故 …… 141
12.1.2 北京清华附中“12·29”筏板基础钢筋体系坍塌事故 …… 144
12.2 模板支撑与脚手架坍塌事故案例 …… 146
12.2.1 云南省昆明新机场“1·3”支架坍塌事故 …… 146
12.2.2 内蒙古苏尼特右旗“9·19”模板坍塌事故 …… 149
12.3 建筑起重与垂直运输（升降）机械设备事故案例 …… 151
12.3.1 广东省深圳市“12·28”塔式起重机顶升倒塌事故 …… 151
12.3.2 河北省秦皇岛“9·5”吊笼坠落事故 …… 153
12.4 高处作业坠落事故案例 …… 154
12.4.1 广东省中山市“8·10”高处坠落事故 …… 154
12.4.2 北京市通州区“1·7”高处坠落事故 …… 156

12.5　建筑施工火灾与触电事故案例 …… 157
12.5.1　上海市静安区“11·15”火灾事故 …… 157
12.5.2　内蒙古乌中旗“7·5”触电事故 …… 160

附录一　建筑施工企业主要负责人、项目负责人和专职安全生产管理人员安全生产管理规定 …… 161

附录二　本书引用的法律法规、部门规章、规范性文件、技术标准、规范和规程 …… 165

第 1 章 建筑施工安全生产管理概述

1.1 我国建筑施工安全生产形势

1.1.1 建筑施工生产安全事故情况

（1）事故总体情况

伴随着我国建筑业的蓬勃发展，建筑施工安全生产问题日益严重。由于行业特点、工人素质、管理水平、文化观念、社会发展水平等因素的影响，我国建筑施工伤亡事故频发，令很多工人失去生命。据统计，自 2012 年起，建筑业已经成为我国所有工业生产部门中死亡人数最多的行业（除去交通运输业）。面对严峻的建筑施工生产安全形势，党和政府高度重视，在广大建筑施工企业和各级政府主管部门的不断努力下，安全生产形势总体趋于好转。图 1-2 是我国 2007 ～ 2017 年房屋和市政工程领域总体事故统计。从图 1-1 中可以看出，11 年间我国建筑施工事故总量呈逐年下降的趋势，其中，从 2007 年的最高纪录（事故起数 840 起、死亡人数 1012 人）下降到 2015 年的最低纪录（事故起数 442 起，死亡人数 554 人）；但从图 1-1 中也可以明显发现，2012 年以后事故下降趋势趋于平缓，事故下降区间变小且略有反弹，尤其是 2016 年和 2017 年事故起数和死亡人数连续增长，保持了多年的事故呈连续下降的态势被打破。

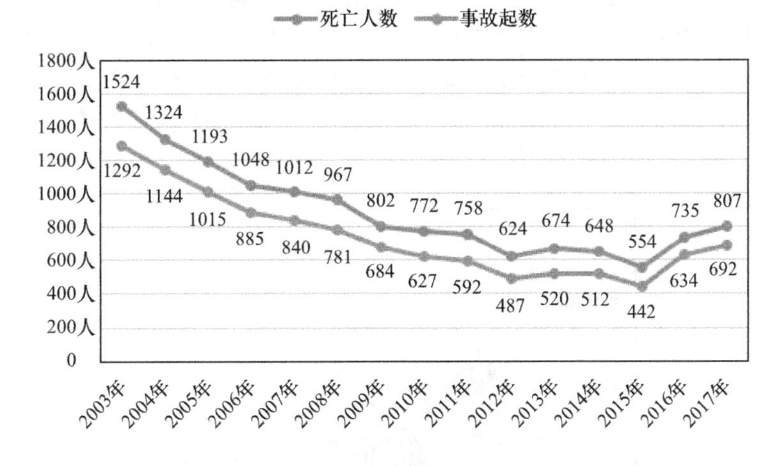

图 1-1 我国房屋和市政工程事故统计图（2007 ～ 2017 年）

（2）较大以上（含较大）事故情况

图 1-2 是我国 2007 ～ 2017 年房屋和市政工程较大以上事故统计图。从图 1-2 中可以看出，除 2008 年出现较大反弹之外（由 144 人增至 187 人），总体来看，11 年间我国建筑施工较大以上事故总体下降并趋于稳定，但必须看到，期间造成人员重大伤亡和社会重大

影响的重大、特大事故并没有从根本上得到遏制：如 2012 年湖北武汉“9・13”施工升降机坠落事故（19 人遇难）、2014 年清华附中“12・29”钢筋坍塌事故（10 人遇难）、2016 年江西丰城“12・24”施工平台坍塌事故（74 人遇难）等。虽然较大以上事故总量得到控制，但重大事故仍然时有发证，而且每起较大以上事故死亡人数不断增加，这一方面说明建筑施工安全生产工作的复杂性、偶然性和艰巨性的特点；另一方面也反映出目前的建筑施工系统所蕴含的能量越来越高，一旦发生事故，其规模、危害程度和经济损失更大、更严重。

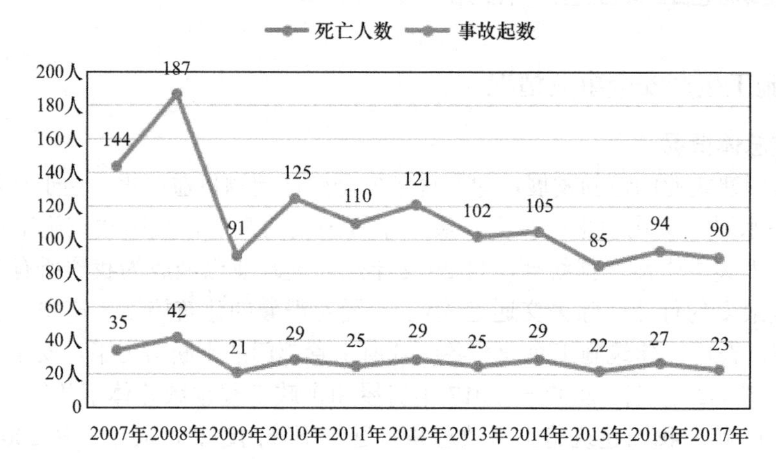

图 1-2　我国房屋和市政工程较大以上（含较大）事故统计图（2007 ～ 2017 年）

1.1.2　建筑施工生产安全事故类型

（1）总体事故类型

根据 2017 年房屋和市政工程事故类型的统计分析，高处坠落事故 331 起，占总数的 47.83%；物体打击事故 82 起，占总数的 11.85%；坍塌事故 81 起，占总数的 11.71%；起重伤害事故 72 起，占总数的 10.40%；机械伤害事故 33 起，占总数的 4.77%；触电、车辆伤害、中毒和窒息、火灾和爆炸及其他类型事故 93 起，占总数的 13.44%（见图 1-3）。

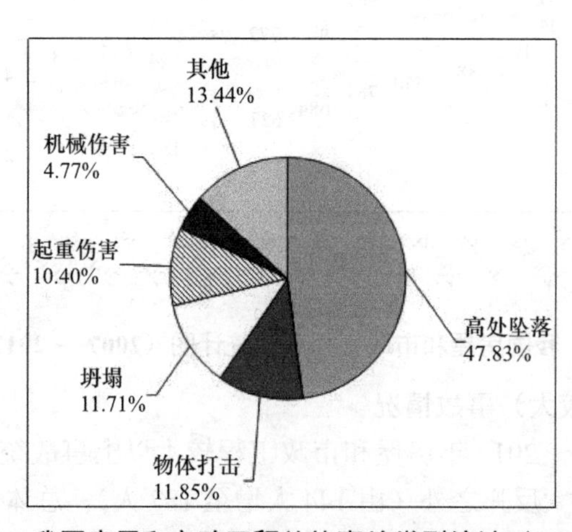

图 1-3　我国房屋和市政工程总体事故类型统计（2017 年）

高处坠落不仅在中国，在世界范围内都位居建筑业伤亡事故的首位。高处坠落之所以排在首位，是由建筑物主要往高空发展这个固有特点所决定的，即建筑施工作业绝大部分活动都在高空，这自然增加了高处坠落事故发生的概率。除非建筑施工生产方式或技术装备发生根本性的变化，否则，高处坠落事故仍然很难得到有效地遏制。目前，我国正在大力推广装配式建筑，装配式建筑的推广应用将会从一定程度上减少高处坠落事故发生的机会，但相应的物体打击、起重吊装等机械伤害事故比例将会有所增加。

（2）较大以上（含较大）事故类型

虽然高处坠落事故在全部事故中是第一高发类型，但是，在近年来造成群死、群伤的事故类型当中，事故类型有所变化。根据对 2017 年房屋市政工程较大（含较大）及以上事故的统计分析，土方坍塌事故 5 起、死亡 18 人，分别占较大事故总数的 21.74% 和 20.00%；起重伤害事故 4 起、死亡 16 人，分别占较大事故总数的 17.39% 和 17.78%；模板支撑体系坍塌事故 2 起、死亡 6 人，分别占较大事故总数的 8.70% 和 6.67%；吊篮倾覆事故 2 起、死亡 6 人，分别占较大事故总数的 8.70% 和 6.67%；中毒和窒息事故 2 起、死亡 7 人，分别占较大事故总数的 8.70% 和 7.78%；火灾和爆炸事故 2 起、死亡 7 人，分别占较大事故总数的 8.70% 和 7.78%；脚手架坍塌事故 1 起、死亡 3 人，分别占较大事故总数的 4.35% 和 3.33%；车辆伤害事故 1 起、死亡 3 人，分别占较大事故总数的 4.35% 和 3.33%；机械伤害事故 1 起、死亡 4 人，分别占较大事故总数的 4.35% 和 4.44%；其他坍塌事故 3 起、死亡 20 人，分别占较大事故总数的 13.04% 和 22.22%（见图 1-4）。上述统计分析反映出建筑施工的生产特点：存在量大面广的高处作业，增加了个体坠落事故的概率；而作为危险性较大的分部分项工程的模板支撑坍塌、深基坑坍塌和起重机械等事故，由于作业人员比较集中，往往容易造成群死群伤。

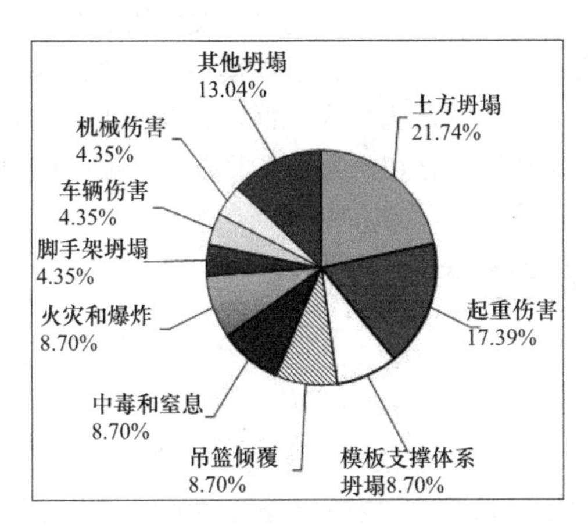

图 1-4　我国房屋和市政工程较大以上死亡事故类型图（2017 年）

1.1.3　我国建筑安全生产形势判断

针对部分发达国家安全生产发展历程进行研究，其结果表明：发达国家在经济发展过程中，其安全生产大致都经历了事故上升（阶段Ⅰ）、高发（阶段Ⅱ）、迅速下降（阶段Ⅲ）、稳定下降（阶段Ⅳ）的周期（见图 1-5）。同时通过研究发现，人均 GDP 与职业事故死亡人数之间具有一定的关联性。当人均 GDP 处于快速增长的特定区间时，生产安全事故也相应的较快上升，并在一个时期内处于高位波动状态，这个阶段称为生产安全事故的“易发期”。所谓“易发”是指潜在的不安全因素较多。在此期间内，一方面经济快速发展，社会生产活动和交通运输规模急剧扩大；另一方面安全法制尚不健全，政府安全监管机制不尽完善，科技和生产力水平较低，企业和公共安全生产基础仍然比较薄弱，教育与培训相对滞后，这些因素都容易导致事故多发。

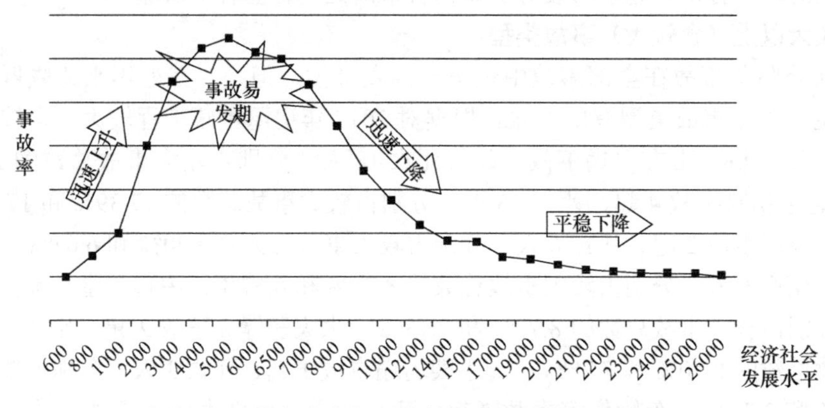

图 1-5　安全生产与经济社会发展阶段变化趋势

伴随着2002年中国人均GDP突破1000美元，我国建筑业也开始进入安全事故的“易发期”。然而，必须看到，中国各地区经济发展水平的巨大差异使它们处于建筑安全事故“易发期”的不同发展阶段，因此各地区在建筑业安全管理中遇到的问题也各不相同。

综上所述，基于目前我国安全生产所处的“易发”历史必然阶段，考虑到建筑业整体安全基础薄弱、仍然以劳动密集型为主、建设规模不断扩大的现实，未来我国建筑施工安全生产形势不容乐观，事故反弹的压力增大，群死、群伤事故在短期内仍然无法完全得到遏制，建筑施工安全生产工作仍将存在长期性、复杂性和艰巨性的特点。

1.2　我国建筑施工安全生产方针政策

1.2.1　安全生产理念

新的《中华人民共和国安全生产法》提出安全生产工作应当“以人为本”，充分体现了习近平总书记等中央领导同志近一年来关于安全生产工作一系列重要指示精神，对于坚守发展决不能以牺牲人的生命为代价这条红线，牢固树立以人为本、生命至上的理念，正确处理重大险情和事故应急救援中“保财产”还是“保人命”的问题，具有重大意义。为强化安全生产工作的重要地位，明确安全生产在国民经济和社会发展中的重要地位，推进安全生产形势持续稳定好转，新的安全生产法将坚持安全发展写入了总则。

1.2.2　安全生产方针

“安全第一、预防为主、综合治理”的安全生产工作“十二字方针”，明确了安全生产的重要地位、主体任务和实现安全生产的根本途径。“安全第一”要求从事生产经营活动必须把安全放在首位，不能以牺牲人的生命、健康为代价换取发展和效益。“预防为主”要求把安全生产工作的重心放在预防上，强化隐患排查治理，打非治违，从源头上控制、预防和减少生产安全事故的发生。“综合治理”要求运用行政、经济、法治、科技等多种手段，充分发挥社会、职工、舆论监督各个方面的作用，抓好安全生产工作。

1.2.3　安全生产管理体制

坚持“十二字方针”，总结实践经验。我国现行的安全生产管理体制是：企业负责，行业管理，国家监察，群众监督。做好安全生产工作，落实生产经营单位主体责任是根本，职工参与是基础，政府监管是关键，行业自律是发展方向，社会监督是实现预防和减少生产安全事故目标的保障。

1.2.4　建筑施工安全法律法规与标准规范

我国建筑施工安全法律法规经过多年的建设取得了很大成效，目前已经制定出台了以《中华人民共和国建筑法》、《中华人民共和国安全生产法》、《中华人民共和国特种设备安全法》为母法，以《建设工程安全生产管理条例》、《安全生产许可证条例》等行政法规为主导、以《建筑施工企业安全生产许可证管理规定》等部门规章和地方性规章为配套，以大量的技术标准规范为技术性延伸，以有关法律规章相关规定为补充的多层级、多类型的多层次、多类型的建筑施工安全法律法规体系，见表1-1。

我国建筑施工安全法律法规体系框架表　　表1-1

<table>
<tr><th>法律层级</th><th colspan="2">名称</th></tr>
<tr><td rowspan="3">法律</td><td colspan="2">《中华人民共和国建筑法》</td></tr>
<tr><td colspan="2">《中华人民共和国安全生产法》</td></tr>
<tr><td colspan="2">《中华人民共和国特种设备安全法》</td></tr>
<tr><td rowspan="4">行政法规</td><td colspan="2">《建设工程安全生产管理条例》</td></tr>
<tr><td colspan="2">《生产安全事故报告和调查处理条例》</td></tr>
<tr><td colspan="2">《安全生产许可证条例》</td></tr>
<tr><td colspan="2">《特种设备安全监察条例》</td></tr>
<tr><td rowspan="5">部门规章及主要规范性文件和地方性法规</td><td rowspan="2">企业</td><td>建筑施工企业安全生产许可证管理规定</td></tr>
<tr><td>建筑施工安全生产标准化考评暂行办法</td></tr>
<tr><td rowspan="2">人员</td><td>建筑施工企业主要负责人、项目负责人和专职安全生产管理人员安全生产管理规定</td></tr>
<tr><td>建筑施工特种作业人员管理规定</td></tr>
<tr><td>项目</td><td>危险性较大的分部分项工程安全管理规定</td></tr>
</table>

续表

法律层级	名称	
部门规章及主要规范性文件和地方性法规	项目	建筑工程安全防护、文明施工措施费用及使用管理规定
		建筑施工企业负责人及项目负责人施工现场带班暂行办法
		房屋市政工程生产安全重大隐患排查治理挂牌督办暂行办法
	设备	建筑起重机械安全监督管理规定
		建筑起重机械备案登记办法
	事故	房屋市政工程生产安全和质量事故查处督办暂行办法
		房屋市政工程生产安全事故报告和查处工作规程
	地方性法规（略）	略
技术标准、规范	《建筑施工安全检查标准》JGJ 59	
	《建筑施工高处作业安全技术规范》JGJ 80	
	《施工现场临时用电安全技术规范》JGJ 46	
	《建筑施工门式钢管脚手架安全技术规范》JGJ 128	
	……………………………………………	

本章主要对《建筑法》、《安全生产法》和《建设工程安全生产管理条例》主要内容进行介绍，其他法律法规和标准规范在本书后面各章节均有体现。

（1）建筑法

《中华人民共和国建筑法》经 1997 年 11 月 1 日第八届全国人大常委会第 28 次会议通过；根据 2011 年 4 月 22 日第十一届全国人大常委会第 20 次会议《关于修改〈中华人民共和国建筑法〉的决定》修正。《中华人民共和国建筑法》分总则、建筑许可、建筑工程发包与承包、建筑工程监理、建筑安全生产管理、建筑工程质量管理、法律责任、附则 8 章 85 条，自 1998 年 3 月 1 日起施行。其中第五章为建筑安全生产管理，对建筑生产安全问题作了专章规定：

1）建筑工程安全生产管理必须遵循的基本方针和基本制度（第三十六条）；

2）建筑工程设计必须遵循保证工程安全性能的要求（第三十七条）；

3）对建筑施工企业提出的保证生产安全的要求，包括：对施工企业编制施工组织设计的安全要求（第三十八条），对施工现场安全管理的要求（第三十九条、第四十五条），对建立健全企业安全生产责任制的要求（第四十四条），对建立健全劳动安全生产教育培训制度的要求（第四十六条），禁止进行危及安全生产的违章指挥、违章作业（第四十七条），为从事危险作业的职工办理意外伤害保险的要求（第四十八条）；

4）对涉及建筑主体和承重结构变动的装修工程的安全要求（第四十九条）；

5）对房屋拆除作业的安全要求（第五十条）；

6）发生建筑安全事故的处理（第五十一条）；

7）工程建设单位为保证建筑生产安全应履行的义务（第四十二条）；

8）有关行政主管部门对建筑安全生产监督管理的职责（第四十三条）。

（2）中华人民共和国安全生产法

《中华人民共和国安全生产法》（以下简称安全生产法）由全国人大常委会于2002年颁布施行，于2014年进行了修改，它是我国第一部全面规范安全生产的专门法律，是我国安全生产的主体法。

2014年修改施行的《安全生产法》以党中央倡导“发展决不能以牺牲人的生命为代价”的安全生产治理理念为核心，强化了以人为本、安全发展理念，突出了预防为主、综合治理原则，从加强预防、强化安全生产主体责任、加强隐患排查、完善监管、加大违法惩处力度等方面，进一步明确了企业和政府两个主体的责任，增强了法律的可操作性，为进一步全面加强安全生产工作，预防和减少生产安全事故，保障人民群众的生命财产安全，促进经济社会可持续健康发展，提供了更加有效的法律保障。《安全生产法》着眼于解决安全生产现实问题和发展要求，与企业密切相关的主要内容有：

1）明确了安全生产工作应当以人为本、安全发展。

安全生产工作应当以人为本，对于坚守“发展决不能以牺牲人的生命为代价”这条红线，牢固树立以人为本、生命至上的理念，正确处理重大险情和事故应急救援中“保财产”还是“保人命”问题，具有重大意义。为强化安全生产工作的重要地位，明确安全生产在国民经济和社会发展中的重要地位，推进安全生产形势持续稳定好转，《安全生产法》将坚持安全发展写入了总则。

2）建立完善安全生产方针和工作机制，突出安全生产方针的地位。

确立了“安全第一、预防为主、综合治理”的安全生产工作“十二字方针”，明确了安全生产的重要地位、主体任务和实现安全生产的根本途径。“安全第一”要求从事生产经营活动必须把安全放在首位，不能以牺牲人的生命、健康为代价换取发展和效益。“预防为主”要求把安全生产工作的重心放在预防上，强化隐患排查治理，打非治违，从源头上控制、预防和减少生产安全事故。“综合治理”要求运用行政、经济、法治、科技等多种手段，充分发挥社会、职工、舆论监督各个方面的作用，抓好安全生产工作。坚持“十二字方针”，明确要求建立生产经营单位负责、职工参与、政府监管、行业自律、社会监督的机制，进一步明确各方安全生产职责。做好安全生产工作，落实生产经营单位主体责任是根本，职工参与是基础，政府监管是关键，行业自律是发展方向，社会监督是实现预防和减少生产安全事故目标的保障。

3）进一步强化生产经营单位的安全生产主体责任，突出企业是安全生产责任主体的法律保障。

强化企业的主体责任，做好安全生产工作，落实生产经营单位主体责任是根本。《安全生产法》把明确安全责任、发挥生产经营单位安全生产管理机构和安全生产管理人员作用作为一项重要内容，作出四个方面的重要规定：一是明确委托依法设立机构提供安全生产技术、管理服务的，保证安全生产的责任仍然由本单位负责；二是明确生产经营单位的安全生产责任制的内容，规定生产经营单位应当建立相应的机制，加强对安全生产责任制落实情况的监督考核；三是明确生产经营单位的安全生产管理机构以及安全生产管理人员履行的七项职责；四是规定矿山、金属冶炼建设项目和用于生产、储存危险物品的建设项目竣工投入生产或者使用前，由建设单位负责组织对安全设施进行验收。

4）建立事故预防和应急救援的制度。

《安全生产法》把加强事前预防和事故应急救援作为一项重要内容加大应急救援的突出作用：一是生产经营单位必须建立生产安全事故隐患排查治理制度，采取技术、管理措施及时发现并消除事故隐患，并向从业人员通报隐患排查治理情况的制度。二是政府有关部门要建立健全重大事故隐患治理督办制度，督促生产经营单位消除重大事故隐患。三是对未建立隐患排查治理制度、未采取有效措施消除事故隐患的行为，设定了严格的行政处罚。四是赋予负有安全监管职责的部门对拒不执行执法决定、有发生生产安全事故现实危险的生产经营单位依法采取停电、停供民用爆炸物品等措施，强制生产经营单位履行决定。五是国家建立应急救援基地和应急救援队伍，建立全国统一的应急救援信息系统。生产经营单位应当依法制定应急预案并定期演练。

5）建立安全生产标准化制度，进一步突出安全标准化地位。

安全生产标准化是在传统的安全质量标准化基础上，根据当前安全生产工作的要求、企业生产工艺特点，借鉴国外现代先进安全管理思想，形成的一套系统的、规范的、科学的安全管理体系。近年来矿山、危险化学品等高危行业企业安全生产标准化取得了显著成效，企业本质安全生产水平明显提高。《安全生产法》在总则部分明确提出推进安全生产标准化工作，这必将对强化安全生产基础建设，促进企业安全生产水平持续提升产生重大而深远的影响。

6）推行注册安全工程师制度，注册安全工程师管安全。

《安全生产法》确立了注册安全工程师制度，并从两个方面加以推进：一是危险物品的生产、储存单位以及矿山、金属冶炼单位应当有注册安全工程师从事安全生产管理工作，鼓励其他生产经营单位聘用注册安全工程师从事安全生产管理工作。二是建立注册安全工程师按专业分类管理制度，授权国务院有关部门制定具体实施办法。

7）推进安全生产责任保险制度，加强保险的后盾作用。

《安全生产法》总结近年来的试点经验，通过引入保险机制，促进安全生产，规定国家鼓励生产经营单位投保安全生产责任保险。安全生产责任保险具有其他保险所不具备的特殊功能和优势，一是增加事故救援费用和第三人（事故单位从业人员以外的事故受害人）赔付的资金来源，有助于减轻政府负担，维护社会稳定。二是有利于现行安全生产经济政策的完善和发展。三是通过保险费率浮动、引进保险公司参与企业安全管理，可以有效促进企业加强安全生产工作。

8）加大对安全生产违法行为的责任追究力度，罚款力度进一步加大。

（3）建设工程安全生产管理条例

《建设工程安全生产管理条例》（以下简称条例）由国务院2003年11月12日通过，自2004年2月1日起施行。《建设工程安全生产管理条例》是依据《建筑法》和《安全生产法》而制定的，是《建筑法》第5章建筑安全生产管理有关规定的具体化和《安全生产法》安全生产管理一般规定的专业化。《条例》不仅健全和完善了建设工程安全生产的法规体系，而且还规范和提高了从事建筑活动主体的安全生产行为，更重要的是有关行政主管部门对建设工程安全生产的监督管理有了充分的法律依据。《条例》颁布实施可以有效地对违法违规行为和事故隐患依法予以查处，对发生事故的责任单位和责任人依法予以处罚，防止和减少建设工程生产安全事故的发生，保障人民群众的生命和财产安全。

《条例》适用范围为在中华人民共和国境内从事建设工程的新建、扩建、改建和拆除等有关活动及实施对建设工程安全生产的监督管理。其中，建筑施工企业应承担的安全责任包括以下内容：

1）未设立安全生产管理机构、配备专职安全生产管理人员或者分部分项工程施工时无专职安全生产管理人员现场监督的；

2）主要负责人、项目负责人、专职安全生产管理人员、作业人员或者特种作业人员，未经安全教育培训或者经考核不合格即从事相关工作的；

3）未在施工现场的危险部位设置明显的安全警示标志，或者未按照国家有关规定在施工现场设置消防通道、消防水源、配备消防设施和灭火器材的；

4）未向作业人员提供安全防护用具和安全防护服装的；

5）未按照规定在施工起重机械和整体提升脚手架、模板等自升式架设设施验收合格后登记的；

6）使用国家明令淘汰、禁止使用的危及施工安全的工艺、设备、材料的；

7）挪用列入建设工程概算的安全生产作业环境及安全施工措施所需费用的；

8）施工前未对有关安全施工的技术要求作出详细说明的；

9）未根据不同施工阶段和周围环境及季节、气候的变化，在施工现场采取相应的安全措施，或者在城市市区内的建设工程的施工现场未实行封闭围挡的；

10）在尚未竣工的建筑物内设置员工集体宿舍的；

11）施工现场临时搭建的建筑物不符合安全使用要求的；

12）未对因建设工程施工可能造成损害的毗邻建筑物、构筑物和地下管线等采取专项防护措施的；

13）安全防护用具、机械设备、施工机具及配件在进入施工现场前未经查验或者查验不合格即投入使用的；

14）使用未经验收或者验收不合格的施工起重机械和整体提升脚手架、模板等自升式架设设施；

15）委托不具有相应资质的单位承担施工现场安装、拆卸起重机械和整体提升脚手架、模板等自升式架设设施的；

16）在施工组织设计中未编制安全技术措施、施工现场临时用电方案或者专项施工方案的；

17）取得资质证书后，降低安全生产条件的。

1.3　建筑业改革发展给安全生产带来的挑战

1.3.1　改革发展要点

党中央、国务院高度重视建筑业改革发展。2017 年 3 月，《国务院办公厅关于促进建筑业持续健康发展的意见》（国办发 [2017]19 号）颁布。这是我国建筑业改革发展的顶层设计，从深化建筑业简政放权改革、完善工程建设组织模式、加强工程质量安全管理、优化建筑市场环境、提高从业人员素质、推进建筑产业现代化、加快建筑业企业“走出去”等七个方面提出了 20 条措施，对促进建筑业持续健康发展具有重要意义。

《意见》从七个方面对促进建筑业持续健康发展提出具体措施，如图 1-6 所示。

图 1-6　国务院办公厅关于促进建筑业持续健康发展的意见

1.3.2　安全生产具体改革举措

2017 年 7 月，住房城乡建设部会同 18 个部委制订了《贯彻落实〈国务院办公厅关于促进建筑业持续健康发展的意见〉重点任务分工方案》（建市 [2017]137 号），表明我国建筑业改革将进入到实质阶段，其中的一些改革意见和方案对未来我国建筑施工安全生产必将带来重大而深远的影响，主要举措如下：

（1）加强安全生产管理。全面落实安全生产责任，加强施工现场安全防护，特别要强化对深基坑、高支模、起重机械等危险性较大的分部分项工程的管理，以及对不良地质地区重大工程项目的风险评估或论证。推进信息技术与安全生产深度融合，加快建设建筑施工安全监管信息系统，通过信息化手段加强安全生产管理。建立健全全覆盖、多层次、经常性的安全生产培训制度，提升从业人员安全素质以及各方主体的安全水平。

（2）全面提高监管水平。完善工程质量安全法律法规和管理制度，健全企业负责、政府监管、社会监督的工程质量安全保障体系。强化政府对工程质量的监管，明确监管范围，落实监管责任，加大抽查抽测力度，重点加强对涉及公共安全的工程地基基础、主体结构等部位和竣工验收等环节的监督检查。加强工程质量监督队伍建设，监督机构履行职能所需经费由同级财政预算全额保障。政府可采取购买服务的方式，委托具备条件的社会力量进行工程质量监督检查。推进工程质量安全标准化管理，督促各方主体健全质量安全管控机制。强化对工程监理的监管，选择部分地区开展监理单位向政府报告质量监理情况的试点。加强工程质量检测机构管理，严厉打击出具虚假报告等行为。推动发展工程质量保险。

（3）改革建筑用工制度。推动建筑业劳务企业转型，大力发展木工、电工、砌筑、钢筋制作等以作业为主的专业企业。以专业企业为建筑工人的主要载体，逐步实现建筑工人公司化、专业化管理。鼓励现有专业企业进一步做专做精，增强竞争力，推动形成一批以作业为主的建筑业专业企业。促进建筑业农民工向技术工人转型，着力稳定和扩大建筑业农民工就业创业。建立全国建筑工人管理服务信息平台，开展建筑工人实名制管理，记录建筑工人的身份信息、培训情况、职业技能、从业记录等信息，逐步实现全覆盖。

（4）保护工人合法权益。全面落实劳动合同制度，加大监察力度，督促施工单位与招用的建筑工人依法签订劳动合同，到 2020 年基本实现劳动合同全覆盖。健全工资支付保障制度，按照谁用工谁负责和总承包负总责的原则，落实企业工资支付责任，依法按月足额发放工人工资。将存在拖欠工资行为的企业列入黑名单，对其采取限制市场准入等惩戒措施，情节严重的降低资质等级。建立健全与建筑业相适应的社会保险参保缴费方式，大力推进建筑施工单位参加工伤保险。施工单位应履行社会责任，不断改善建筑工人的工作环境，提升职业健康水平，促进建筑工人稳定就业。

（5）加快推行工程总承包。装配式建筑原则上应采用工程总承包模式。政府投资工程应完善建设管理模式，带头推行工程总承包。加快完善工程总承包相关的招标投标、施工许可、竣工验收等制度规定。按照总承包负总责的原则，落实工程总承包单位在工程质量安全、进度控制、成本管理等方面的责任。

1.4　建筑施工企业负责人（A 类人员）的安全管理

1.4.1　企业负责人在安全生产管理中的重要作用

按照《建筑施工企业主要负责人、项目负责人和专职安全生产管理人员安全生产管理规定》（住房城乡建设部令第 17 号）的规定，建筑施工企业负责人，即 A 类人员，包括法定代表人、总经理（总裁）、分管安全生产的副总经理（副总裁）、分管生产经营的副总经理（副总裁）、技术负责人、安全总监等，其中，《建筑法》规定，建筑施工企业法人是安全生产责任第一人。上述人员也被认为是建筑施工企业的领导层。

随着安全科学的不断进步，人们越来越认识到企业领导层（决策层）在安全管理中的作用。英国职业健康安全的监督机构健康安全执行局（Health and Safety Executive）认为企业领导层对安全的承诺和领导力是企业健康安全管理的关键要素，同时也是有效的健康安全文化的基础。

企业领导层是企业健康安全管理的一个重要组成部分，其对于安全的态度和行为影响着下属以及广大员工对于安全的态度和行为。例如：英国对大型企业的高级董事进行问卷调查，调查内容包括董事对职业健康和安全的态度以及和公司声誉的关系。结果表明，这些董事均认为安全是他们管理计划的一个重要部分，也是企业绩效的一个决定性因素，同时指出企业高层对健康安全的领导是非常重要的。挪威对一家企业210名高级管理人员进行了安全态度和事故预防的问卷调查，调查的目的是分析管理人员的安全态度、行为意图和安全行为之间的联系，调查显示高级管理人员的安全态度是其安全行为意图和安全行为的一个重要驱动素。较高的安全承诺、非宿命思想、较高的安全优先权以及高风险意识是特别重要的安全态度。国外通过问卷调查研究海上石油企业对员工的支持与员工的安全行为（safety citizen ship behaviour）之间的关系，研究表明：企业对员工的福祉越是关心和照顾，越能增进企业管理人员同员工的关系，并能提高员工的安全行为。

上述事实证明，企业管理人员的职位越高，他们对企业安全生产的影响越大。企业决策层对安全的态度和决策直接影响到企业中间管理层的安全态度和行为，进而企业中间管理层的态度将对企业基层管理人员产生影响，最终将对所有员工的安全态度和安全行为产生影响。

当前，我国很多企业的安全管理和安全文化建设的效果不理想，一个重要的原因是企业安全管理部门承担了安全管理和安全文化建设的大部分责任和工作，缺乏其他各级管理层对安全的承诺以及员工的参与，而这两个因素是安全管理和安全文化建设的关键要素。国际劳工组织在职业安全健康管理体系指南中指出：雇主应对企业的职业安全健康体现出强有力的领导力和承诺，并采取有效的措施建立职业安全健康管理体系。英国董事协会（Insitite of Directors）和英国健康安全委员会（Health and Safety Commission）于2007年初联合出版了《关于领导工作健康和安全—企业董事安全力行为的指南》一书。该指南指明了企业健康和安全有效领导的议程，强调没有企业高层的参与，企业的安全就无法取得良好的业绩；同时该指南指出企业最高管理层的安全领导力包括以下基本原则：

（1）企业高层可见的、积极的安全承诺；

（2）建立有效的自上而下的沟通体系和管理结构；

（3）应将健康安全管理融入到企业业务决策中。

对于建筑业而言，施工企业领导层对于安全生产的态度、承诺和行为对于安全生产有着更重要的影响。由于建筑施工企业和项目分离的特点，企业领导很少直接参与项目生产管理，其对项目安全生产工作的管理主要是通过企业安全理念、安全政策、安全承诺和执行力等要素表达出来的，如果施工企业领导对安全没有很好的重视程度，可想而知，在项目层面的安全生产是不会得到重视的，企业的各项安全管理制度是无法得到全面有效落实的，这也是我国建筑施工安全生产事故多发的一个重要原因之一。因此，只有建筑施工企业领导层从内心拥有了生命第一、尊重生命的安全理念，遵守安全承诺，有效落实企业各项安全管理制度，表现出良好的安全态度和对安全生产工作的支持，建筑施工企业安全生产才能从根本上得到保障。

1.4.2 企业负责人（高级管理层）安全管理方式

政策是由最高管理层制定的，如果高级管理层支持某些工作，那些工作就会在施工现场得到促进。安全计划的成功取决于高级管理层的安全方针，因为在没有得到高级管理层安全方针的情况下进行一项安全计划而最终失败，是不可避免的。

高级管理层对安全的重视可以通过多种管理方式表现出来。一个大型施工企业的领导与一个小建筑公司的领导表达安全方针的方式会有很大不同。小公司的领导层可能有大量的机会以不同的方式表达自己的安全管理方式和态度，其真实性也不太可能受到质疑，因为可以通过不同的方式亲自传达或表述。

1.4.3　A类人员安全管理职责

A类人员作为建筑施工企业高级管理层，他们必须通过亲自参与安全来展示他们对安全工作的认可。如果高级管理层坚决地、负责任地对待安全生产，其他人就会承认它并相应地做出反应。对于A类人员的安全职责，多部法律法规从不同的角度都提出了明确要求，具体如下：

（1）《安全生产法》规定

对于生产经营单位的主要负责人的安全职责，在《安全生产法》第十八条规定：

1）建立、健全本单位安全生产责任制；

2）组织制定本单位安全生产规章制度和操作规程；

3）组织制定并实施本单位安全生产教育和培训计划；

4）保证本单位安全生产投入的有效实施；

5）督促、检查本单位的安全生产工作，及时消除生产安全事故隐患；

6）组织制定并实施本单位的生产安全事故应急救援预案；

7）及时、如实报告生产安全事故。

根据国家最新安全生产政策，生产经营单位主要负责人除履行《安全生产法》第十八条规定的职责外，还应当履行下列职责：

1）负责本单位安全生产责任制的监督考核；

2）定期研究安全生产工作，向职工代表大会、职工大会报告安全生产情况；

3）建立健全本单位安全生产风险分级管控和生产安全事故隐患排查治理工作机制；

4）推进本单位安全文化建设；

5）配合有关人民政府或者部门开展生产安全事故调查，落实事故防范和整改措施；

6）法律、法规规定的其他安全生产工作职责。

（2）《建设工程安全管理条例》的规定

对于建筑施工企业主要负责人的安全职责，《建设工程安全生产管理条例》第二十一条规定：

施工单位主要负责人依法对本单位的安全生产工作全面负责。施工单位应当建立健全安全生产责任制度和安全生产教育培训制度，制定安全生产规章制度和操作规程，保证本单位安全生产条件所需资金的投入，对所承担的建设工程进行定期和专项安全检查，并做好安全检查记录。

（3）"三类人员"安全管理规定

《建筑施工企业主要负责人、项目负责人和专职安全生产管理人员安全生产管理规定》（住房城乡建设部令第17号）对企业主要负责人的安全职责规定如下：

1）主要负责人对本企业安全生产工作全面负责，应当建立健全企业安全生产管理体系，设置安全生产管理机构，配备专职安全生产管理人员，保证安全生产投入，督促检查本企业安全生产工作，及时消除安全事故隐患，落实安全生产责任。

2）主要负责人应当与项目负责人签订安全生产责任书，确定项目安全生产考核目标、奖惩措施，以及企业为项目提供的安全管理和技术保障措施。

工程项目实行总承包的，总承包企业应当与分包企业签订安全生产协议，明确双方安全生产责任。

3）主要负责人应当按规定检查企业所承担的工程项目，考核项目负责人安全生产管理能力。发现项目负责人履职不到位的，应当责令其改正；必要时，调整项目负责人。检查情况应当记入企业和项目安全管理档案。

1.4.4 A类人员主要法律责任

（1）《安全生产法》规定

《安全生产法》第九十条规定：生产经营单位的决策机构、主要负责人或者个人经营的投资人不依照本法规定保证安全生产所必需的资金投入，致使生产经营单位不具备安全生产条件的，责令限期改正，提供必需的资金；逾期未改正的，责令生产经营单位停产停业整顿。

有前款违法行为，导致发生生产安全事故的，对生产经营单位的主要负责人给予撤职处分，对个人经营的投资人处二万元以上二十万元以下的罚款；构成犯罪的，依照刑法有关规定追究刑事责任。

《安全生产法》第九十一条规定：生产经营单位的主要负责人未履行本法规定的安全生产管理职责的，责令限期改正；逾期未改正的，处二万元以上五万元以下的罚款，责令生产经营单位停产停业整顿。

生产经营单位的主要负责人有前款违法行为，导致发生生产安全事故的，给予撤职处分；构成犯罪的，依照刑法有关规定追究刑事责任。

生产经营单位的主要负责人依照前款规定受刑事处罚或者撤职处分的，自刑罚执行完毕或者受处分之日起，五年内不得担任任何生产经营单位的主要负责人；对重大、特别重大生产安全事故负有责任的，终身不得担任本行业生产经营单位的主要负责人。

《安全生产法》第九十二条规定：生产经营单位的主要负责人未履行本法规定的安全生产管理职责，导致发生生产安全事故的，由安全生产监督管理部门依照下列规定处以罚款：

1）发生一般事故的，处上一年年收入百分之三十的罚款；

2）发生较大事故的，处上一年年收入百分之四十的罚款；

3）发生重大事故的，处上一年年收入百分之六十的罚款；

4）发生特别重大事故的，处上一年年收入百分之八十的罚款。

《安全生产法》第一百零六条规定：生产经营单位的主要负责人在本单位发生生产安全事故时，不立即组织抢救或者在事故调查处理期间擅离职守或者逃匿的，给予降级、撤职的处分，并由安全生产监督管理部门处上一年年收入百分之六十至百分之一百的罚款；对逃匿的处十五日以下拘留；构成犯罪的，依照刑法有关规定追究刑事责任。

生产经营单位的主要负责人对生产安全事故隐瞒不报、谎报或者迟报的，依照前款规定处罚。

（2）《建设工程安全生产管理条例》规定

《建设工程安全生产管理条例》第六十六条规定：施工单位的主要负责人、项目负责人未履行安全生产管理职责的，责令限期改正；逾期未改正的，责令施工单位停业整顿；造成重大安全事故、重大伤亡事故或者其他严重后果，构成犯罪的，依照刑法有关规定追究刑事责任。

施工单位的主要负责人、项目负责人有前款违法行为，尚不够刑事处罚的，处2万元以上20万元以下的罚款或者按照管理权限给予撤职处分；自刑罚执行完毕或者受处分之日起，5年内不得担任任何施工单位的主要负责人、项目负责人。

（3）“三类人员”安全管理规定（建设部令第17号）

《建筑施工企业主要负责人、项目负责人和专职安全生产管理人员安全生产管理规定》（建设部令第17号）第三十二条：

主要负责人、项目负责人未按规定履行安全生产管理职责的，由县级以上人民政府住房城乡建设主管部门责令限期改正；逾期未改正的，责令建筑施工企业停业整顿；造成生产安全事故或者其他严重后果的，按照《生产安全事故报告和调查处理条例》的有关规定，依法暂扣或者吊销安全生产考核合格证书；构成犯罪的，依法追究刑事责任。

主要负责人、项目负责人有前款违法行为，尚不够刑事处罚的，处2万元以上20万元以下的罚款或者按照管理权限给予撤职处分；自刑罚执行完毕或者受处分之日起，5年内不得担任建筑施工企业的主要负责人、项目负责人。

第 2 章　建筑施工安全管理基本理论

2.1　事故致因理论

为了对建筑施工事故采取有效的预防与控制措施，首先必须了解和认识事故发生的原因。事故的原因是每次事故发生后调查工作的最重要内容，因为事故原因是今后预防同类事故发生的最重要依据。事故致因理论就是从大量的典型事故的本质原因的分析中所提炼出来的事故机理和事故模型。这些机理和模型反映了事故发生的规律，能够为建筑施工事故原因的定性、定量分析，为建筑施工事故的预测预防，从理论上提供科学完整的依据。

2.1.1　古典事故致因理论：人的不安全行为和物的不安全状态

古典伤亡事故致因与预防理论主要产生于 20 世纪 50 年代以前的粗放式机器大生产时期，是在探讨和研究因机器作业所带来的大量的伤亡事故中，有针对性地提出的安全管理观点。该理论认为：在正常的生产过程中，一切应以机器为中心，员工在安全管理中应处于从属地位；由于机器本身不能产生事故，而只能由操纵机器的人的失误所引起，因此事故产生的主要原因应归结于有事故倾向的个人生理缺陷，如：性格、气质、心理等。

在古典理论的盛行时期，实施事故预防的管理基础主要来自于格林伍德和伍兹（1919）提出的，由纽伯尔德（1926）、法默和查姆勃（1939）给予补充的“事故倾向性格”单因素理论；弗洛伊德的心理动力理论；海因里希（1936）的事故因果连锁理论以及科尔（1957）提出的“社会环境”双因素事故致因理论等。其中，最具有代表性的是海因里希的事故因果连锁理论，又称多米诺骨牌理论，见图 2-1。该理论强调，安全管理的重点在于加强对人的失误控制，通过减少人的失误，可以实现有效地改善企业安全状况的目的。

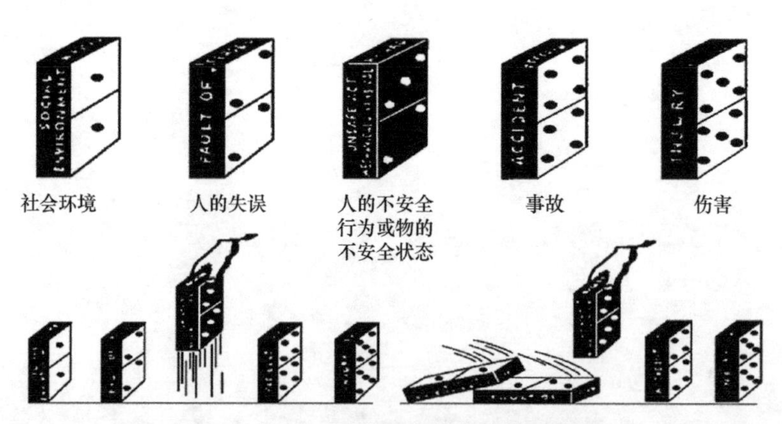

图 2-1　Heinrich 事故发生的连锁反应图

但是由于该理论过分强调了人的失误，在分析事故产生的原因时，不关注机器、环境等在事故中可能产生的危害，而只是片面地把事故研究范围局限于操作工人的性格、经验、教育程度等个人属性上，对产生事故的整体环境、企业管理、机器生产系统等方面的问题考虑较少。孤立地去研究事故特点，从大量事故案例中，仅把单一事故的直接原因——人因划分出来，而未能系统地对事故开展分析，研究手段和分析方法相对简单，事故的预防管理方式过于武断，对产生事故的深层次问题未能够开展足够的研究，因此存在一定的局限性。随着社会的发展以及人们对安全科学研究的深入，该阶段的理论被不断的扬弃。

2.1.2　现代事故致因理论：人—机—环境系统可靠性不足

自 20 世纪中期以来，科学技术的进步使生产、设备、工艺和产品等由大量的元素以非常复杂的关系相连接，并构成了巨大的能量系统，因此系统中任何微小的差错都有可能导致灾难性的事故。面对大规模复杂系统的安全性问题，越来越多的人认为，事故的责任并不仅是工人的个人问题，还应该注重机械、物质、环境等方面的危险性质在事故预防中的重要地位，强调实现人—机—环的整体安全性，并据此观点提出了现代安全研究理论和方法，认为有效的安全管理是减少伤亡、提高事故预防效率的主要途径。

葛登（1949）利用流行病传染机理论述事故的发生机理，明确事故因素间的关系特征，推动了事故因素的研究和调查，为事故预防理论的发展开辟了新的研究目标，从而标志着现代安全管理理论的兴起。这一阶段的代表性理论主要包括："事故是由人和物的不安全状态在特定时空中的交叉所导致"的轨迹交叉论，见图 2-2；吉布森、哈登以及麦克法兰特的"事故就是能量的意外释放和转移给人和物造成的伤害和损失"即能量意外转移理论，见图 2-3。

上述理论普遍认为：事故主要是一些"物"的故障、人的失误、不良的环境等潜在因素在特定的时间和空间内的能量交叉和异常释放所引起。因此，在事故的原因分析和预防研究工作中，必须采用系统的、全面的观点对生产过程中各关联因素进行分析，查找和确定危险源并按照各自危险度依次予以解决，最终通过改善"物"的（硬件系统）可靠性来提高系统的安全性。这一阶段的理论，改变了古典事故致因与预防管理过程中忽略硬件故障、只关注事故中人因作用的传统观念。

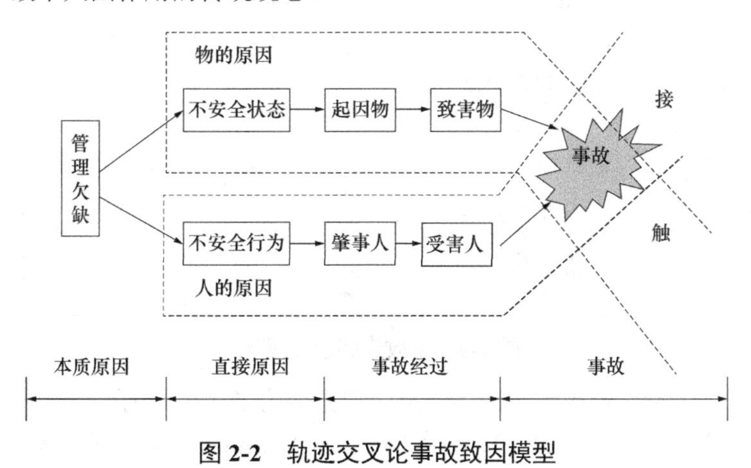

图 2-2　轨迹交叉论事故致因模型

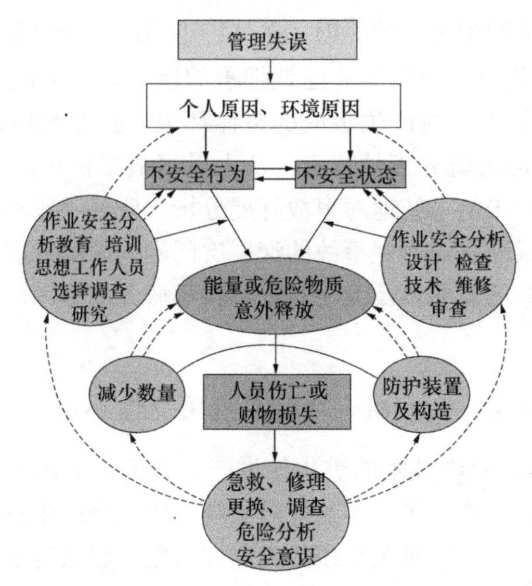

图 2-3　能量意外释放（转移）事故致因理论模型

从人－机－环的角度，对事故的发生机理及演化规律开展系统的研究，具有鲜明的时代进步意义；特别是在事故预防理论方面的探讨，突出了机器、环境系统的本质安全性，极大地丰富了安全科学理论，拓宽了安全管理的研究范围。但是该阶段的理论研究还不够全面，在事故诱因的分析过程中，对企业的系统组织行为理论探讨相对孤立，事故预防的重点集中于管理规则的刚性制定和实施，对企业的安全信仰、员工的安全价值观念、社会的安全性需求等软约束条件考虑的不太充分，安全管理过程中的人本主义思想还没有完全建立；此外，由于该阶段的安全管理理论在企业系统化研究中还主要依靠定性手段，对量化管理的研究方法比较薄弱，因此也存在一定的局限性。

2.1.3　系统化事故致因理论：组织安全管理失误

在现代化生产发展过程中，人们逐渐觉察到组织管理方面的疏忽和失误也常是导致事故发生的深层次原因之一。约翰逊（1975）在针对管理失误的研究基础上，提出了变化—失误的系统安全观点，以全面分析事故诱因，泰勒斯（1980）、左藤吉信伊（1981）在约翰逊的研究基础上则认为“事故是一个连续变化的过程”；此外，博德、亚当斯和北川彻三等人根据海因里希的事故因果原理，对企业组织安全管理的失误和缺陷开展研究，并提出了现代事故因果连锁理论，见图 2-4。

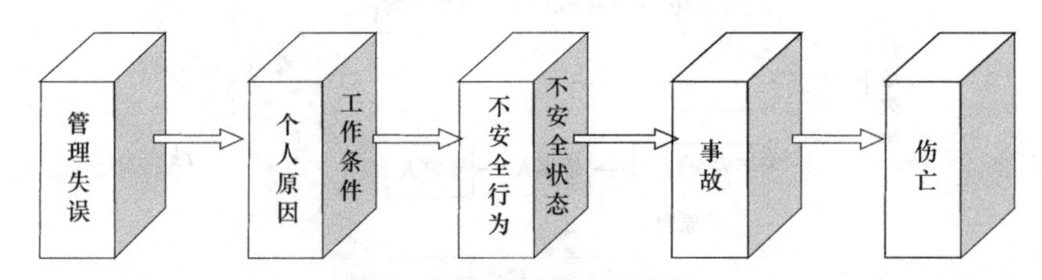

图 2-4　事故连锁反应理论

在此基础上，“4M”理论将事故连锁反应理论中的“深层原因”进一步分析，将其归纳为四大因素，即人的因素（Man）、设备的因素（Machine）、作业的因素（Media）和管理的因素（Management），具体内容见表 2-1。

"4M"理论中事故原因的具体内容　　　表 2-1

人的因素（Man）	① 心理的原因：忘却、烦恼、无意识行为、危险感觉、省略行为、臆测判断、错误等 ② 生理的原因：疲劳、睡眠不足、身体机能障碍、疾病、年龄增长等 ③ 职业的原因：人际关系，领导能力、团队精神以及沟通能力等
设备的因素（Machine）	① 机械、设备设计上的缺陷 ② 机械、设备本身安全性考虑不足 ③ 机械、设备的安全操作规程或标准不健全 ④ 安全防护设备有缺陷 ⑤ 安全防护装备供给不足
作业的因素（Media）	① 相关作业信息不切实际 ② 作业姿势、动作的欠缺 ③ 作业方法的不切实际 ④ 不良的作业空间 ⑤ 不良的作业环境条件
管理的因素（Management）	① 管理组织的欠缺 ② 安全规程、手册的欠缺 ③ 不良的安全管理计划 ④ 安全教育与培训的不足 ⑤ 安全监督与指导不足 ⑥ 人员配置不够合理 ⑦ 不良的职业健康管理

这些从管理失误角度来研究伤亡事故致因与预防理论的观点，标志着当代系统化安全管理理论的崛起。也正是约翰逊等人从组织科学角度出发，构建了现代系统化安全管理理论和方法体系研究的基本思路，同时又把能量意外释放观点、动态变化观点等事故致因理论引入安全管理科学的研究范畴中，从而使系统化安全管理的研究思想和实践方法得到了巨大拓展，并对推动现代事故预防理论的发展产生了深刻的影响。

2.1.4　当代事故致因理论：组织安全文化欠缺

自 20 世纪 80 年代末以来，对当代复杂生产系统中事故产生的组织管理和个人行为因素开展研究成为事故预防领域的关注重点。根据组织行为学观点：个人的行为主要由企业的组织行为所塑造，组织行为则由管理层所导向，管理层的行为接受企业安全文化的指导。因此，预防事故的企业系统化安全管理进程主要表现为：建设优秀的企业安全文化，完善安全管理方案（包含管理层、部门机构以及员工等的安全生产经营活动），改进人的行为安全性和"物"的安全状态，提高企业安全业绩。在该进程中，针对安全文化以及企业组织的安全管理行为可以采用安全氛围诊断（Safety Climatemeasurement）开展准确地度量工作，并根据测评结果，提出安全管理措施的相应改进方法，就个人安全行为进行系统的培训与教育，以提高企业的整体安全性，降低事故发生率。安全文化改善组织安全绩效的作用路线图见 2-5。

最新的事故预防策略研究进展表明：系统化安全管理的本质也就是接受企业组织安全文化所指导的、针对企业内部组织和员工行为安全性所展开的一系列政策及措施的实施与改进过程，见图 2-6。该模型由四个方面组成：首先，作为控制企业组织行为安全性基础的安全方案，它包含优秀的安全文化、安全文化指导下的安全管理人事组织结构和安全管理业务运行方法；其次，分析、评价这个安全管理方案有效性的组织行为分析工具；第三，控制企业组织内部员工个人行为安全性的行为纠正方法；第四，通过组织行为诊断与改进，员工个体行为安全性的观察与纠正，企业所获得的安全业绩。

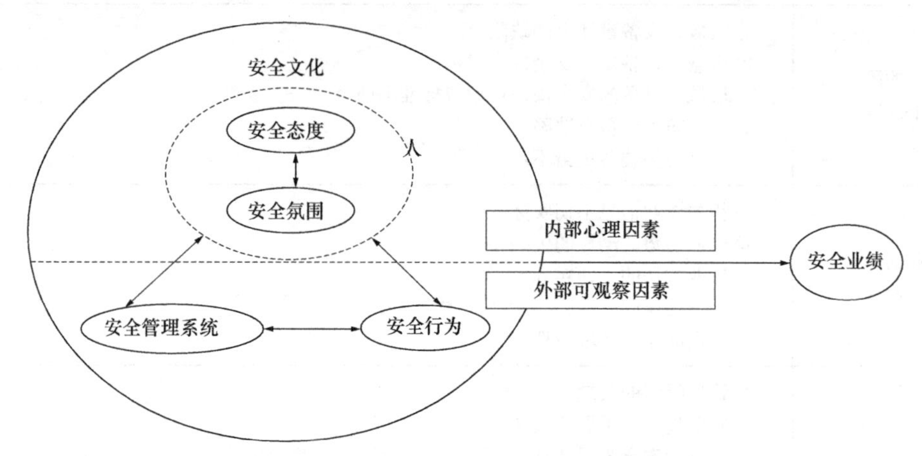

图 2-5　安全文化改善组织安全绩效路线图

需要说明的是，从事故的物理原因控制来说，还必须应用事故预防的另一个手段，即工程技术手段。但一种工程技术手段只对特定的物理对象的状态起作用，从而只能预防特定物理类型和发生在特定物理场所的事故，因此它不可能是通用的。在图 2-6 中，工程技术的运用体现为安全方法的组成部分，不同企业组织的生产经营类型不同，组成路线图中安全业务运行方法中所需的安全工程技术具体内容也不同；该路线图不但不排斥安全技术的运用，相反，更加强调工程技术措施的针对性。

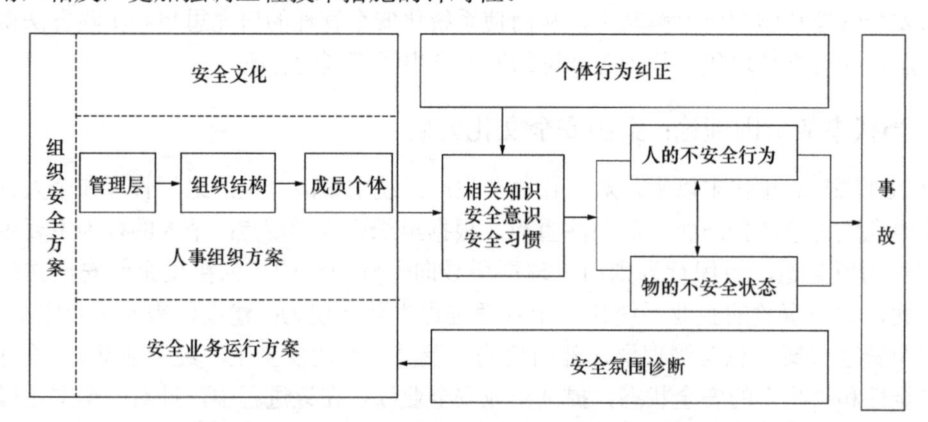

图 2-6　组织安全文化为中心的事故致因模型

2.1.5　建筑施工事故致因模型

必须看到，上述这些事故致因理论均不是产生于建筑生产领域，不是从建筑事故中提炼出来的事故机理和事故模型，因而难以直接运用于建筑事故的分析和预防。故此，我们需要在借鉴这些事故致因理论的基础上，并结合建筑事故发生的规律，提出符合建筑生产安全管理实际的事故致因理论，实现对建筑事故的有效控制，避免建筑事故的反复发生，确保广大建筑从业人员人身安全，保证工程建设项目的顺利进行。

在建筑业发展的最初阶段，人们认为事故纯粹是由于某些偶然的甚至是无法解释的因素造成的。但是，正如本文前面对安全科学发展历程的阐述，人们对事故的认识随着科学技术的进步也在不断提高。可以说，每起事故的发生无一例外的都有各种各样的原因，因此，预防和避免事故的关键，就在于找出事故发生的原因，辨识并消除导致事故的各种因素，使发生事故的可能性降低到最小。

在建筑行业，有学者将事故致因过程简化成为失效发生的过程，包括：个体失效、现场管理失效、项目管理失败和政策失效，他们认为不明智的管理决策和不充分的管理控制是许多建筑事故发生的主要原因，同时提出，建筑市场、各方主体对企业和项目的安全生产有着直接和间接的影响，如图 2-7 和图 2-8 所示。

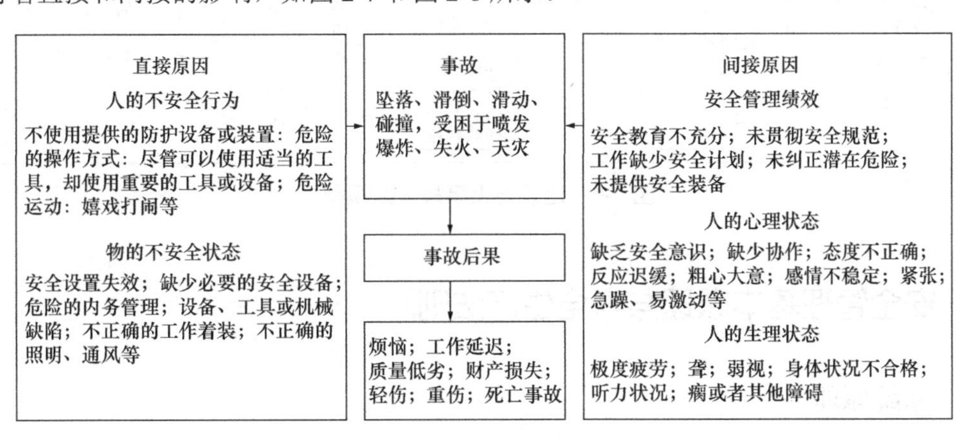

图 2-7　建筑事故致因模型（一）

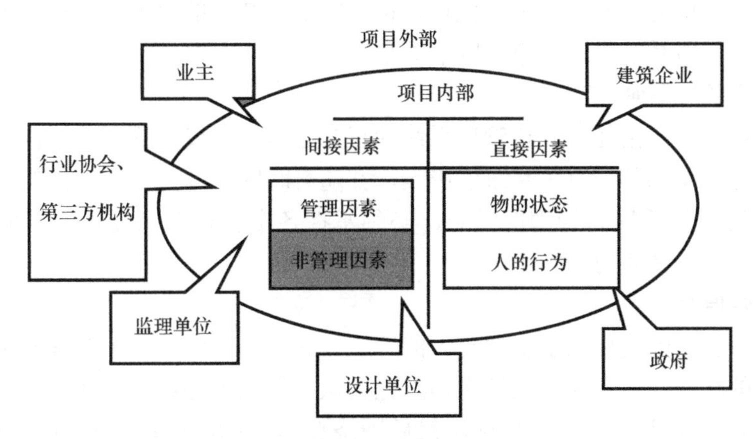

图 2-8　建筑事故致因模型（二）

综合对事故致因理论的分析，可以发现，建筑施工事故的发生不是偶然的，有其深刻复杂的原因。考虑到建筑行业特点对安全生产的影响，结合事故连锁反应理论和“4M”理论，利用统计分析方法找出导致建筑事故发生的原因，即通过研究不同类型事故的诱发因素，归纳出主要的事故原因，从而为预防措施和政策建议提供数据基础。建筑施工事故原因分析框架见图 2-9。

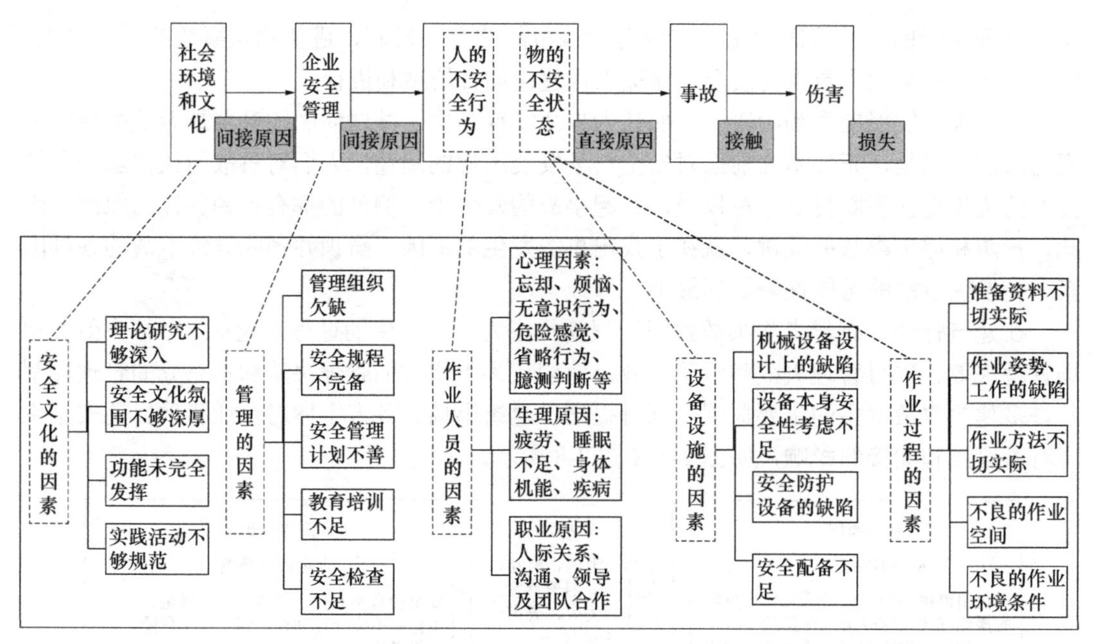

图 2-9　建筑施工事故致因模型

2.2　安全管理基本原理与安全生产法则

2.2.1　系统原理

系统原理是指人们在从事管理工作时，运用系统的观点、理论和方法对管理活动进行充分的系统分析，以达到安全管理的优化目标，即从系统论的角度来认识和处理企业管理中出现的问题。运用系统原理应遵循以下原则：

（1）动态相关性原则

动态相关性原则是指任何安全管理系统的正常运转，不仅要受到系统自身条件和因素的制约，而且还要受到其他有关系统的影响，并随着时间、地点以及人们的不同努力程度而发生变化。因此，要提高管理的效果，必须掌握各个管理对象要素之间的动态相关特征，充分利用各要素之间的相互作用。

（2）整分合原则

所谓的整分合原则是指为了实现高效的管理，必须在整体规划下明确分工，在分工基础上进行有效的综合。即在管理活动中，首先要从整体上把握系统的环境，分析系统的整体性质、功能，确定系统的总体目标，然后围绕总体目标，进行多方面的合理分解和分工，以构成系统的结构与体系；最后要在分工的基础上，对各要素、环节、部分及其活动进行系统综合，协调管理，以实现系统的总目标。

在整分合原则中，整体把握是前提，科学分工是关键，组织综合是保证。没有整体目标的指导，分工就会盲目而混乱；离开分工，整体目标就难以高效实现。如果只有分工，而无综合与协作，就会出现分工各环节脱节以及横向协作困难等现象，不能形成“凝聚力”等众多问题。因此，管理必须有分有合，先分后合，这是整分合原则的基本要求。

在安全管理领域运用该原则，要求企业高层管理者在制定整体目标和进行宏观决策时，必须将安全纳入其中，作为一项重要内容加以考虑；然后在此基础上对安全管理活动进行有效分工，明确每个员工的安全责任和目标；最后加强专职安全部门的职能，保证强有力的协调控制，实现有效的组织综合。

（3）弹性原则

在对系统外部环境和内部情况的不确定性给予事先考虑并对发展变化的各种可能性及其概率分布，作较充分认识、推断的基础上，在制定目标、计划、策略等方面，相适应地留有余地，有所准备，以增强组织系统的可靠性和管理对未来态势的应变能力，这就是管理的弹性原则。

管理的弹性就是当系统面临各种变化的情况下，管理能机动灵活地做出反应以适应变化的环境，使系统得以生存并求得发展。卓有成效的管理追求积极弹性，即在对变化的未来作科学预测的基础上，组织系统应当备有多种方案和预防措施，目的在于一旦态势有重大变故，能够不乱方寸、有备无患地做出灵活的应变反应，从而能保证系统的可靠性。

弹性原则对于安全管理具有十分重要的意义。安全管理所面临的是错综复杂的环境和条件，尤其事故致因是很难被完全预测和掌握的，因此安全管理必须尽可能保持良好的、积极的弹性。一方面不断地推进安全管理的科学化、现代化，加强系统安全分析和危险性评价，尽可能做到对危险因意的识别、消除和控制；另一方面要采取全方位、多层次的事故预防措施，实现全面、全员、全过程的安全管理。

（4）反馈原则

反馈是指被控制过程对控制机构的反作用，即由控制系统把信息输送出去，又把其作用结果返送回来，并对信息的再输出发生影响，起到控制作用，以达到预定的目的。

现代企业管理是一项复杂的系统工程，其内部条件和外部环境都在不断变化。因此，要发挥出组织系统的积极弹性作用并最终导向优化目标的实现，就必须对环境变化和每一步行动结果不断进行跟踪，及时准确地掌握变动中的态势，进行“再认识、再确定”。一方面，一旦发现原计划、目标与客观情况发展有较大出入，做出适时性的调整；另一方面，将行动结果情况与原来的目标要求相比较，如有“偏差”，则采取及时有效的纠偏措施，以确保组织目标的实现。这种为了实现系统目标，把行为结果传回决策机构，使因果关系相互作用，实行动态控制的行为准则，就是管理的反馈原则。

反馈原则对于安全控制领域有着重要的意义。一个正常运转的系统，当它指向安全目标的运动受到任何不安全因素及不安全行为的干扰时，其运动状态就会偏离既定目标，甚至遭到破坏，导致事故和损失的发生。为了维护系统的正常和稳定运转，应及时准确地捕捉、反馈不安全信息，及时采取有效的调整措施，消除或控制不安全因素，使系统的运动态势回到安全轨道上，以达到安全管理的目的。

（5）封闭原则

封闭原则是指在任何一个管理系统内部，管理手段、管理过程等必须构成一个连续封闭的回路，才能形成有效的管理活动。尽管任何系统都与外部进行着物质、能量、信息交换，但在系统内部却是一个相对封闭的回路，这样，物质、能量、信息才能在系统内部实现自律化与合理流通。

封闭原理有其相对性。从空间上讲，封闭系统不是孤立的存在，在运行中与周围发生多种联系，其客观干扰在所难免；从时间上讲，执行指令的后果难以预测，需要时间的验证。因此，管理活动需要根据事物发展的客观需要，不断地完善封闭办法，理顺封闭渠道，排除封闭干扰，保持管理运行与控制的畅通、灵敏、及时和准确。

封闭原则应用到安全管理领域中，要求安全管理机构之间、安全管理制度和方法之间，必须具有紧密的联系，形成相互制约的回路，保证安全管理活动的有效进行。首先，为保证安全管理执行机构准确无误地贯彻安全指挥中心的命令，在系统中应建立安全监督机构。没有正确的执行，就没有正确的输出，也无从正确的反馈，反馈原理也就无法实现。其次，建立安全管理规章制度是贯彻封闭原理，即建立尽可能完整的执行法、监督法和反馈法，构成一个封闭的制度网，使安全管理活动高效正常运行。

2.2.2 人本原理

现代管理学的人本原理是指管理者要达到组织目标，一切管理活动都必须以人为中心，以人的积极性、主动性、创造性的发挥为核心和动力来进行。人本管理原理要求管理者研究人的行为规律，理解认知、需要、动机、能力、人格、群体和组织行为；掌握激励、沟通、领导规律，改善人力资源管理；了解人、关心人、尊重人、激励人，努力开发和利用人的创造力，实现人的社会价值；努力满足员工的合理需要，开发人的潜能，实现人的自我价值。

在现实管理活动中，人本原理可以具体化、规范化为若干相应的管理原则，其中主要有管理的动力原则、能级原则、激励原则。

（1）动力原则

动力原则是指管理必须要有能够激发人的工作能力的动力，才能使管理运动持续、有效地进行下去。对于管理系统而言，基本动力有三类：物质动力、精神动力和信息动力。物质动力是指物质待遇及经济效益的刺激与鼓励；精神动力主要是来自理想、道德、信念、荣誉等方面的鼓励和激励；信息动力是通过信息的获取与交流产生奋起直追或领先他人的动力。

（2）能级原则

现代管理认为，单位和个人都具有一定的能量，并且可按照能量的大小顺序排列，形成管理的能级，就像原子中电子的能级一样。在管理系统中，建立一套合理能级，根据单位和个人能量的大小安排其工作，发挥不同能级的能量，保证结构的稳定性和管理的有效性，这就是能级原则。

（3）激励原则

激励原则就是利用某种外部诱因的刺激，调动人的积极性和创造性，以科学的手段，激发人的内在潜力，令其充分发挥积极性、主动性和创造性。

人的工作动力来源于三个方面：一是内在动力，指人本身具有的奋斗精神；二是外部压力，指外部施加于人的某种力量；三是吸引力，招那些能够使人产生兴趣和爱好的某种力量。这三种动力相互联系、相互作用，管理者要善于体察和引导，采用有效的措施和手段，因人而异、科学合理地运用各种激励方法和激励强度，最大限度地发挥员工的内在潜力。

“人本原理”应用在企业安全管理中，具体表现在对“以人为本”的安全理念的贯彻上。要实现“以人为本”的安全管理。首先应加强企业安全文化建设，严格执行安全生产相关法律法规，使得“以人为本”的安全理念在安全生产意识形态领域中普及和加强。其次要不断改善和提高客观生产条件，加大安全投入，以保障“以人为本”的安全理念在安全生产实践中得到落实。

2.2.3　预防原理

我国安全生产的方针是“安全第一，预防为主，综合治理”。通过有效的管理和技术手段，减少并防止人的不安全行为和物的不安全状态，从而使事故发生的概率降到最低，这就是预防原理。运用预防原理应遵循以下原则：

（1）偶然损失原则

事故后果以及后果的严重程度都是随机的、难以预测的。反复发生的同类事故，并不一定产生完全相同的后果，这就是事故损失的偶然性。偶然损失原则说明：在安全管理实践中，一定要重视各类事故，包括险肇事故，而且不管事故是否造成了损失，都必须做好预防工作。

（2）因果关系原则

因果关系原则是指事故的发生是许多因素互为因果连续发生的最终结果，只要诱发事故的因素存在，发生事故是必然的，只是时间或迟或早而已。从因果关系原则中认识事故发生的必然性和规律性，要重视事故的原因，切断事故因素的因果关系链环，消除事故发生的必然性，从而把事故消灭在萌芽状态。

（3）3E 原则

造成人的不安全行为和物的不安全状态的原因可归结为四个方面：技术原因、教育原因、身体和态度原因以及管理原因。针对这四个方面的原因，可以采取三种预防事故的对策，即工程技术（Engineering）对策、教育（Education）对策和法制（Enforcement）对策，即 3E 原则。

（4）本质安全化原则

本质安全化是指设备、设施或技术工艺含有内在的能够从根本上防止发生事故的功能。包括：失误—安全功能；故障—安全功能。这两种安全功能应在设备、设施规划设计阶段就被纳入其中，而不是事后补偿的，包括在设计阶段就采用无害的工艺、材料等。遵循这样的原则可以从根本上消除事故发生的可能性，从而达到预防事故发生的目的。本质安全化是安全管理预防原理的根本体现，是安全管理的最高境界。

要想做好安全管理工作就必须把握“预防原则”，在完善各项安全规章制度、开展安全教育、落实安全责任的同时，多举措做好安全管理工作的全过程控制，使事故发生率降低到员小，真正使安全工作做到“防微杜渐”。

2.2.4　强制原理

强制就是绝对服从，无需经被管理者同意便可采取控制行动。因此，采取强制管理的手段控制人的意愿和行为，使个人的活动、行为等受到管理要求的约束，从而有效地实现管理目标，就是强制原理。一般来说，管理均带有一定的强制性。管理是管理者对被管理者施加作用和影响，并要求被管理者服从其意志，满足其要求，完成其规定的任务。不强制便不能有效地抑制被管理者的无拘个性，将其调动到符合整体安全利益和目的的轨道上来。

安全管理需要强制性是由事故损失的偶然性、人的“冒险”心理以及事故损失的不可挽回性决定的。安全强制性管理的实现，离不开严格合理的法律、法规、标准和各级规章制度，这些法规、制度构成了安全行为的规范。同时，还要有强有力的管理和监督体系，以保证被管理者始终按照行为规范进行活动，一旦其行为超出规范的约束，就要有严厉的惩处措施。因此，在安全管理活动中应用强制原理时应遵循以下原则：

（1）安全第一原则

安全第一就是要求在进行生产和其他活动时把安全工作放在一切工作的首要位置。当生产和其他工作与安全发生矛盾时，要以安全为主，生产和其他工作要服从安全，这就是安全第一原则。贯彻安全第一原则，要求在计划、布置、实施各项工作时首先想到安全，预先采取措施，防止事故发生。需要指出的是，安全第一要落到实处，必须要有经济基础、文化理念、法规制度等的支撑。

（2）监督原则

监督原则是指在安全工作中，为了落实安全生产法律法规，必须授权专门的部门和人员行使监督、检查和惩罚的职责，对企业生产中的守法和执法情况进行监督，追究和惩戒违章失职行为，这就是安全管理的监督原则。

2.2.5 安全管理法则

（1）不等式法则

10000减1不等于9999，安全是1，位子、车子、房子、票子等都是0。有了安全，就是10000，没有了安全，其他的0再多也没有意义。要以此教育职工，生命是第一位的，安全是第一位的，失去生命一切全无。所以，无论在工作岗位上，还是在业余生活中，时时刻刻都要判断自己是否处在安全状态下，分分秒秒要让自己置于安全环境中，这就要求每名员工在工作中必须严格安全操作规程，严格安全工作标准，这是保护自我生命的根本。

（2）九零法则

90%×90%×90%×90%×90% = 59.049%。安全生产工作不能打任何折扣，安全生产工作90分不算合格。主要负责人安排工作，分管领导、主管部门负责人、队长、班组长、一线人员如果人人都按90分完成，安全生产执行力层层衰减，最终的结果就是不及格（59.049），就会出问题。该法则告诉我们，安全生产责任、安全生产工作、安全生产管理，绝不能层层递减。如果按90%的速度递减，递减到第五层就是59.049%，完全就不及格。

（3）罗式法则

1∶5∶∞。即1元钱的安全投入，可创造5元钱的经济效益，创造出无穷大的生命效益。任何有效的安全投入（人力、物力、财力、精力等）都会产生巨大的有形和无形的效益。安全投入是第一投入，安全管理是第一管理，生产经营活动的目的是让人们生活的更加安全、舒适、幸福，安全生产的目的就是保障人的生命安全和人身健康。生产任务一时没完成可以补，一旦发生事故，将造成不可换回的损失，特别是员工的生命健康无可挽救。所以，在安全生产中，各级、各部门、各岗位就是要多重视、多投入，投入一分，回报无限。

（4）金字塔法则（成本法则）

系统设计 1 分安全性＝ 10 倍制造安全性＝ 1000 倍应用安全性。意为企业在生产前发现一项缺陷并加以弥补，仅需 1 元钱；如果在生产线上被发现，需要花 10 元钱的代价来弥补；如果在市场上被消费者发现，则需要花费 1000 元的代价来弥补。安全要提前做，安全要提前控，就是抓住安全的根本，预防为先，提前行动。在安全生产工作中，要预防为主，把任何问题都消灭在萌芽状态，把任何事故都消灭在隐患之中。

（5）市场法则

1 ∶ 8 ∶ 25。1 个人如果对安全生产工作满意的话，他可能将这种好感告诉 8 个人；如果他不满意的话，他可能向 25 个人诉说其不满。安全管理就是要不断的加强安全文化建设，创新安全环境、安全氛围，提升员工安全责任、安全意识和安全技能，提高员工对安全的满意度。该法则也说明，生产安全事故是好事不出门，坏事传千里，安全事故影响大、影响坏、影响长。

（6）多米诺法则

在多米诺骨牌系列中，一枚骨牌被碰倒了，则将发生连锁反应，其余所有骨牌相继被碰倒。如果移去中间的一枚骨牌，则连锁被破坏，骨牌依次碰倒的过程被中止。事故的发生往往是由于人的不安全行为，机械、物质等各种不安全状态，管理的缺陷，以及环境的不安全因素等诸多原因同时存在缺陷造成的。如果消除或避免其中任何一个因素的存在，中断事故连锁的进程，就能避免事故的发生。在安全生产管理中，就是要采取一切措施，想方设法，消除一个又一个隐患。其中以控制人的不安全行为和提高人的安全意识是投入相对节省的途径，企业应不定期组织各种形式的安全培训工作，开展多种形式的安全教育活动，并以取得的效果进行评价分析，在每个隐患消除的过程中，就消除了事故链中的某一个因素，可能就避免了一个重大事故的发生。

（7）海因里希法则

1 ∶ 29 ∶ 300 ∶ 1000，每一起严重的事故背后，必然有 29 起较轻微事故和 300 起未遂先兆，以及 1000 起事故隐患相随。对待事故，要举一反三，不能就事论事。任何事故的发生都不是偶然的，事故的背后必然存在大量的隐患、大量的不安全因素。所以，在安全管理工作中，排除身边人的不安全行为、物的不安全状态等各种隐患是首要任务，隐患排查要做到预知，隐患整改要做到预控，从而消除一切不安全因素，确保不发生事故。

（8）慧眼法则

有一次，福特汽车公司一大型电机发生故障，很多技师都不能排除，最后请德国著名的科学家斯特曼斯进行检查，他在认真听了电机自转声后在一个地方画了条线，并让人去掉 16 圈线圈，电机果然正常运转了。他随后向福特公司要 1 万美元作酬劳。有人认为画条线值 1 美元而不是 1 万美元，斯特曼斯在单子上写道：画条线值 1 美元，知道在哪画线值 9999 美元。在安全隐患检查排查上确实需要“9999 美元”的慧眼。各级领导和管理人员要了解掌握本单位生产实际和安全生产管理现状，熟知与本单位生产经营活动相关的法律法规、标准规范、安全操作规程和事故案例，造就一双“慧眼”，结合本单位实际，熟练准确发现安全问题和隐患所在，采取措施，及时整改问题和隐患，不断改进和加强本单位安全生产工作。

（9）南风法则（温暖法则）

北风和南风比威力，看谁能把行人身上的大衣吹掉。北风呼啸凛冽刺骨，结果令行人把大衣裹得更紧了；而南风徐徐吹动，人感觉春意融融，慢慢解开纽扣，继而脱掉大衣。这则故事给管理者的启示是：在安全工作中，有时以人为本的温暖管理带来的效果会胜过严厉无情的批评教育。

在安全生产工作中，安全培训、安全管理要以人为本，讲究实效，注重方法，要因人而教，因人而管。决不能生冷硬粗，以罚代管，以批代管，更不能放手不管。在安全培训管理上，就是把工作做在员工心里，创新方式，喜闻乐见，确保实效。

（10）桥墩法则

大桥的一个桥墩被损坏了，上报损失往往只报一个桥墩的价值，而事实上很多时候真正的损失是整个桥梁都报废了。

安全事故往往只分析直接损失、表面损失、单一损失，而忽略事故的间接损失、潜在损失、全面损失。实际上，很多时候事故的损失和破坏是巨大的、长期的、潜在的。所以，任何一个安全事故的损失，只是看到了冰山一角，可能更大的损失我们无法计算。安全工作就是要尽可能地追求不发生事故，不产生损失，就需要持之以恒、永不懈怠、一点一滴从自己做起的。

第3章　工程建设各方主体安全生产法律义务与法律责任

工程建设一个重要特点就是建设过程中的参与者众多。在众多的参与者中，建筑施工企业无疑担负着最主要的安全责任。《建设工程安全生产管理条例》规定了五方主体安全责任，即建设单位（业主）、施工单位、监理单位、设计单位和勘探单位。除此之外，专业分包商、材料设备供应商、保险公司以及第三方中介机构通过各种直接与间接的联系从不同的方面对建筑安全发挥着影响，对于建筑施工安全同样负有重要的责任。现代安全管理理论认为，良好的建筑安全管理应该是一种全员参与和全过程的管理。这就意味着从一个项目的规划、勘查、设计阶段开始，就要考虑安全问题，并且一直要贯穿于整个建筑寿命期间，直到建筑物拆除为止，也同样意味着与建筑安全相关的各方主体，包括建设单位、监理、设计、勘察公司、政府、保险公司、工会组织、社会中介等，都应该在各自工作中，充分考虑安全问题。

3.1　建设单位安全责任与法律责任

3.1.1　建设单位（业主）安全责任

（1）《建筑法》第五章涉及建设单位的条款有：

第四十条　建设单位应当向建筑施工企业提供与施工现场相关的地下管线资料，建筑施工企业应当采取措施加以保护。

第四十二条　有下列情形之一的，建设单位应当按照国家有关规定办理申请批准手续：

1）需要临时占用规划批准范围以外场地的。

2）可能损坏道路、管线、电力、邮电通信等公共设施的。

3）需要临时停水、停电、中断道路交通的。

4）需要进行爆破作业的。

5）法律、法规规定需要办理报批手续的其他情形。

第四十九　条涉及建筑主体和承重结构变动的装修工程，建设单位应当在施工前委托原设计单位或者具有相应资质条件的设计单位提出设计方案；没有设计方案的，不得施工。

（2）《建设工程安全生产管理条例》第二章（第六条至第十一条）涉及建设单位安全责任的条款有：

第六条　建设单位应当向施工单位提供施工现场及毗邻区域内供水、排水、供电、供气、供热、通信、广播电视等地下管线资料，气象和水文观测资料，相邻建筑物和构筑物、地下工程的有关资料，并保证资料的真实、准确、完整。

建设单位因建设工程需要，向有关部门或者单位查询前款规定的资料时，有关部门或者单位应当及时提供。

第七条 建设单位不得对勘察、设计、施工、工程监理等单位提出不符合建设工程安全生产法律、法规和强制性标准规定的要求，不得压缩合同约定的工期。

第八条 建设单位在编制工程概算时，应当确定建设工程安全作业环境及安全施工措施所需费用。

第九条 建设单位不得明示或者暗示施工单位购买、租赁、使用不符合安全施工要求的安全防护用具、机械设备、施工机具及配件、消防设施和器材。

第十条 建设单位在申请领取施工许可证时，应当提供建设工程有关安全施工措施的资料。

依法批准开工报告的建设工程，建设单位应当自开工报告批准之日起15日内，将保证安全施工的措施报送建设工程所在地的县级以上地方人民政府建设行政主管部门或者其他有关部门备案。

第十一条 建设单位应当将拆除工程发包给具有相应资质等级的施工单位。

建设单位应当在拆除工程施工15日前，将下列资料报送建设工程所在地的县级以上地方人民政府建设行政主管部门或者其他有关部门备案:

1）施工单位资质等级证明。

2）拟拆除建筑物、构筑物及可能危及毗邻建筑的说明。

3）拆除施工组织方案。

4）堆放、清除废弃物的措施。

实施爆破作业的，应当遵守国家有关民用爆炸物品管理的规定。

3.1.2 建设单位安全生产法律责任

《建筑法》涉及建设单位安全生产法律责任的即《建筑法》第七章第七十二条:

建设单位违反本法规定，要求建筑设计单位或者建筑施工企业违反建筑工程质量、安全标准，降低工程质量的，责令改正，可以处以罚款；构成犯罪的，依法追究刑事责任。

《建设工程安全生产管理条例》涉及建设单位安全生产法律责任的规定:

第五十四条 违反本条例的规定，建设单位未提供建设工程安全生产作业环境及安全施工措施所需费用的，责令限期改正；逾期未改正的，责令该建设工程停止施工。

建设单位未将保证安全施工的措施或者拆除工程的有关资料报送有关部门备案的，责令限期改正，给予警告。

第五十五条 违反本条例的规定，建设单位有下列行为之一的，责令限期改正，处20万元以上50万元以下的罚款；造成重大安全事故，构成犯罪的，对直接责任人员，依照刑法有关规定追究刑事责任；造成损失的，依法承担赔偿责任:

（1）对勘察、设计、施工、工程监理等单位提出不符合安全生产法律、法规和强制性标准规定的要求的。

（2）要求施工单位压缩合同约定的工期的。

（3）将拆除工程发包给不具有相应资质等级的施工单位的。

3.2　施工单位安全责任与法律责任

3.2.1　施工单位安全责任

《安全生产法》将生产经营单位的安全生产责任放在了非常突出的位置，本章不再介绍，可参照本书第三章。

《建筑法》涉及施工单位的，《建设工程安全生产管理条例》涉及施工单位的条款，归纳起来如下：

（1）资质资格管理

1）施工单位应当依法取得建筑施工企业资质证书，在其资质等级许可的范围内承揽工程，不得违法发包、转包、违法分包及挂靠等。

2）施工单位应当依法取得安全生产许可证。

3）施工单位的主要负责人、项目负责人、专职安全生产管理人员等“三类人员”应当经建设主管部门或者其他有关部门考核合格后方可任职。

4）建筑施工特种作业人员必须按照国家有关规定经过专门的安全作业培训，取得特种作业操作资格证书后，方可上岗作业。

（2）安全管理机构建设

施工单位应当依法设置安全生产管理机构，配备相应专职人员，在企业主要负责人的领导下开展安全生产管理工作。同时，在建设工程项目组建安全生产领导小组，具体负责工程项目的安全生产管理工作。

（3）安全管理制度建设

施工单位应当依据法律法规，结合企业的安全管理目标、生产经营规模、管理体制，建立各项安全生产管理制度，明确工作内容、职责与权限、工作程序与标准，保障企业各项安全生产管理活动的顺利进行。

（4）安全投入保障

施工单位要保证本单位安全生产条件所需资金的投入，制定保证安全生产投入的规章制度，完善和改进安全生产条件。对列入建设工程概算的安全作业环境及安全施工措施费用，实行专款专用，不得挪作他用。

（5）伤害保险

施工单位必须依法参加工伤保险，为从业人员缴纳保险费；根据情况为从事危险作业的职工办理意外伤害保险，支付保险费。

（6）安全教育培训

1）施工单位应当建立健全安全生产教育培训制度，编制教育培训计划，对从业人员组织开展安全生产教育培训，保证从业人员具备必要的安全生产知识，熟悉有关的安全生产规章制度和安全操作规程，掌握本岗位的安全操作技能。未经安全生产教育培训合格的从业人员，不得上岗作业。

2）施工单位使用被派遣劳动者的，应当对被派遣人员进行岗位安全操作规程和安全操作技能的教育和培训。

3）施工单位应当建立安全生产教育和培训档案，如实记录安全生产教育和培训的时间、内容、参加人员以及考核结果等情况。

（7）安全技术管理

1）施工单位应当在施工组织设计中编制安全技术措施，对危险性较大的分部分项工程编制专项施工方案，并按照有关规定审查、论证和实施。

2）施工单位应根据有关规定对项目、班组和作业人员分级进行安全技术交底。

3）施工单位应当定期进行技术分析，改造、淘汰落后的施工工艺、技术和设备，推行先进、适用的工艺、技术和装备，不得使用国家明令淘汰、禁止使用的危及生产安全的工艺、设备。

（8）机械设备及防护用品管理

1）施工单位采购、租赁安全防护用具、机械设备、施工机具及配件，应确保具有生产（制造）许可证、产品合格证，并在进入施工现场前进行查验。

2）施工单位应当按照有关规定组织分包单位、出租单位和安装单位对进场的施工设备、机具及配件进行进场验收、检测检验、安装验收，验收合格的方可使用。

3）施工单位应当按照有关规定办理起重机械和整体提升脚手架、模板等自升式架设设施使用登记手续。

4）施工现场的安全防护用具、机械设备、施工机具及配件须安排专人管理，确保其可靠的安全使用性能。

5）施工单位应当向作业人员提供安全防护用具和安全防护服装。施工单位应当建立消防安全责任制度，确定消防安全责任人，制定用火、用电、使用易燃易爆材料等消防安全管理制度和操作规程，在施工现场设置消防通道、消防水源，配备消防设施和灭火器材，并按要求设置有关消防安全标志。

（9）现场安全防护

1）施工单位对因建设工程施工可能造成损害的毗邻建筑物、构筑物和地下管线等，应当采取专项防护措施。

2）施工单位应根据施工阶段、场地周围环境、季节以及气候的变化，采取相应的安全施工措施。暂时停止施工时，应当做好现场防护。

3）施工单位应按要求设置施工现场临时设施，不得在尚未竣工的建筑物内设置员工集体宿舍，并为职工提供符合卫生标准的膳食、饮水、休息场所。

4）施工单位应当在危险部位设置明显的安全警示标志。

（10）事故报告与应急救援

1）发生生产安全事故，施工单位应当按照国家有关规定，及时、如实地向安全生产监督管理部门、建设主管部门或者其他有关部门报告；特种设备发生事故的，还应当向特种设备安全监督管理部门报告。

2）发生生产安全事故后，施工单位应当采取措施防止事故扩大，并按要求保护好事故现场。

3）施工单位应当制定单位和施工现场的生产安全事故应急救援预案，并按要求建立应急救援组织或者配备应急救援人员，配备救援器材、设备，定期组织演练。

（11）环境保护

施工单位应当遵守有关环境保护法律、法规的规定，在施工现场采取措施，防止或者减少粉尘、废气、废水、固体废物、噪声、振动和施工照明对人和环境的危害和污染。在城市市区内的建设工程，应当对施工现场采取封闭管理措施。

（12）总分包单位的安全责任界定

建设工程实行施工总承包的，由总承包单位对施工现场的安全生产负总责。总承包单位和分包单位对分包工程的安全生产承担连带责任。分包单位应当服从总承包单位的安全生产管理，分包单位不服从管理导致生产安全事故的，由分包单位承担主要责任。总承包单位与分包单位应签订安全生产协议，或在分包合同中明确各自的安全生产方面的权利、义务。

3.2.2　施工单位安全生产法律责任

《安全生产法》规定的生产经营单位安全生产法律责任在此也不再详细介绍，可参照本书第三章。以下是根据《建筑法》和《建设工程安全生产管理条例》归纳的施工单位安全生产法律责任。

（1）《建筑法》（第七十一条）对建设单位安全生产法律责任规定

建筑施工企业违反本法规定，对建筑安全事故隐患不采取措施予以消除的，责令改正，可以处以罚款；情节严重的，责令停业整顿，降低资质等级或者吊销资质证书；构成犯罪的，依法追究刑事责任。

建筑施工企业的管理人员违章指挥、强令职工冒险作业，因而发生重大伤亡事故或者造成其他严重后果的，依法追究刑事责任。

（2）《建设工程安全生产管理条例》对施工单位安全生产法律责任规定

第六十二条　违反本条例的规定，施工单位有下列行为之一的，责令限期改正；逾期未改正的，责令停业整顿，依照《中华人民共和国安全生产法》的有关规定处以罚款；造成重大安全事故，构成犯罪的，对直接责任人员，依照刑法有关规定追究刑事责任：

1）未设立安全生产管理机构、配备专职安全生产管理人员或者分部分项工程施工时无专职安全生产管理人员现场监督的。

2）施工单位的主要负责人、项目负责人、专职安全生产管理人员、作业人员或者特种作业人员，未经安全教育培训或者经考核不合格即从事相关工作的。

3）未在施工现场的危险部位设置明显的安全警示标志，或者未按照国家有关规定在施工现场设置消防通道、消防水源、配备消防设施和灭火器材的。

4）未向作业人员提供安全防护用具和安全防护服装的。

5）未按照规定在施工起重机械和整体提升脚手架、模板等自升式架设设施验收合格后登记的。

6）使用国家明令淘汰、禁止使用的危及施工安全的工艺、设备、材料的。

第六十三条　违反本条例的规定，施工单位挪用列入建设工程概算的安全生产作业环境及安全施工措施所需费用的，责令限期改正，处挪用费用20%以上50%以下的罚款；造成损失的，依法承担赔偿责任。

第六十四条　违反本条例的规定，施工单位有下列行为之一的，责令限期改正；逾期未改正的，责令停业整顿，并处5万元以上10万元以下的罚款；造成重大安全事故，构成犯罪的，对直接责任人员，依照刑法有关规定追究刑事责任：

1）施工前未对有关安全施工的技术要求作出详细说明的。

2）未根据不同施工阶段和周围环境及季节、气候的变化，在施工现场采取相应的安全施工措施，或者在城市市区内的建设工程的施工现场未实行封闭围挡的。

3）在尚未竣工的建筑物内设置员工集体宿舍的。

4）施工现场临时搭建的建筑物不符合安全使用要求的。

5）未对因建设工程施工可能造成损害的毗邻建筑物、构筑物和地下管线等采取专项防护措施的。

施工单位有前款规定第4）项、第5）项行为，造成损失的，依法承担赔偿责任。

第六十五条 违反本条例的规定，施工单位有下列行为之一的，责令限期改正；逾期未改正的，责令停业整顿，并处10万元以上30万元以下的罚款；情节严重的，降低资质等级，直至吊销资质证书；造成重大安全事故，构成犯罪的，对直接责任人员，依照刑法有关规定追究刑事责任；造成损失的，依法承担赔偿责任：

1）安全防护用具、机械设备、施工机具及配件在进入施工现场前未经查验或者查验不合格即投入使用的。

2）使用未经验收或者验收不合格的施工起重机械和整体提升脚手架、模板等自升式架设设施的。

3）委托不具有相应资质的单位承担施工现场安装、拆卸施工起重机械和整体提升脚手架、模板等自升式架设设施的。

4）在施工组织设计中未编制安全技术措施、施工现场临时用电方案或者专项施工方案的。

第六十六条 违反本条例的规定，施工单位的主要负责人、项目负责人未履行安全生产管理职责的，责令限期改正;逾期未改正的，责令施工单位停业整顿;造成重大安全事故、重大伤亡事故或者其他严重后果，构成犯罪的，依照刑法有关规定追究刑事责任。

作业人员不服管理、违反规章制度和操作规程冒险作业造成重大伤亡事故或者其他严重后果，构成犯罪的，依照刑法有关规定追究刑事责任。

施工单位的主要负责人、项目负责人有前款违法行为，尚不够刑事处罚的，处2万元以上20万元以下的罚款或者按照管理权限给予撤职处分；自刑罚执行完毕或者受处分之日起，5年内不得担任任何施工单位的主要负责人、项目负责人。

第六十七条 施工单位取得资质证书后，降低安全生产条件的，责令限期改正；经整改仍未达到与其资质等级相适应的安全生产条件的，责令停业整顿，降低其资质等级直至吊销资质证书。

3.3 监理单位安全责任与法律责任

3.3.1 监理安全责任定位

《建筑法》第五章共16条，没有涉及监理单位;《建设工程安全生产管理条例》仅有1条涉及监理单位（第三章第十四条）：

工程监理单位应当审查施工组织设计中的安全技术措施或者专项施工方案是否符合工程建设强制性标准。

工程监理单位在实施监理过程中，发现存在安全事故隐患的，应当要求施工单位整改；情况严重的，应当要求施工单位暂时停止施工，并及时报告建设单位。施工单位拒不整改或者不停止施工的，工程监理单位应当及时向有关主管部门报告。

工程监理单位和监理工程师应当按照法律、法规和工程建设强制性标准实施监理，并对建设工程安全生产承担监理责任。

3.3.2　监理单位安全生产法律责任

《建设工程安全生产管理条例》第七章第五十七条规定：

违反本条例的规定，工程监理单位有下列行为之一的，责令限期改正；逾期未改正的，责令停业整顿，并处 10 万元以上 30 万元以下的罚款；情节严重的，降低资质等级，直至吊销资质证书；造成重大安全事故，构成犯罪的，对直接责任人员，依照刑法有关规定追究刑事责任；造成损失的，依法承担赔偿责任：

（1）未对施工组织设计中的安全技术措施或者专项施工方案进行审查的。

（2）发现安全事故隐患未及时要求施工单位整改或者暂时停止施工的。

（3）施工单位拒不整改或者不停止施工，未及时向有关主管部门报告的。

（4）未依照法律、法规和工程建设强制性标准实施监理的。

3.4　勘察、设计单位安全责任与法律责任

3.4.1　勘察、设计单位安全责任

《建筑法》第五章共 16 条，没有涉及勘察单位，只有 1 条涉及设计单位，即第五章第三十七条　建筑工程设计应当符合按照国家规定制定的建筑安全规程和技术规范，保证工程的安全性能。

《建设工程安全生产管理条例》涉及勘察、设计单位的各 1 条，即第三章第十二条和第十三条：

第十二条　勘察单位应当按照法律、法规和工程建设强制性标准进行勘察，提供的勘察文件应当真实、准确，满足建设工程安全生产的需要。

勘察单位在勘察作业时，应当严格执行操作规程，采取措施保证各类管线、设施和周边建筑物、构筑物的安全。

第十三条　设计单位应当按照法律、法规和工程建设强制性标准进行设计，防止因设计不合理导致生产安全事故的发生。

设计单位应当考虑施工安全操作和防护的需要，对涉及施工安全的重点部位和环节在设计文件中注明，并对防范生产安全事故提出指导意见。

采用新结构、新材料、新工艺的建设工程和特殊结构的建设工程，设计单位应当在设计中提出保障施工作业人员安全和预防生产安全事故的措施建议。

设计单位和注册建筑师等注册执业人员应当对其设计负责。

3.4.2　勘察、设计单位安全生产法律责任

《建筑法》第七章第第七十三条规定：

建筑设计单位不按照建筑工程质量、安全标准进行设计的，责令改正，处以罚款；造成工程质量事故的，责令停业整顿，降低资质等级或者吊销资质证书，没收违法所得，并处罚款；造成损失的，承担赔偿责任；构成犯罪的，依法追究刑事责任。

《建设工程安全生产管理条例》第七章第五十六条规定：

违反本条例的规定：勘察单位、设计单位有下列行为之一的，责令限期改正，处10万元以上30万元以下的罚款；情节严重的，责令停业整顿，降低资质等级，直至吊销资质证书；造成重大安全事故，构成犯罪的，对直接责任人员，依照刑法有关规定追究刑事责任；造成损失的，依法承担赔偿责任：

（1）未按照法律、法规和工程建设强制性标准进行勘察、设计的。

（2）采用新结构、新材料、新工艺的建设工程和特殊结构的建设工程，设计单位未在设计中提出保障施工作业人员安全和预防生产安全事故的措施建议的。

3.5 其他相关方安全责任与法律责任

3.5.1 其他相关方安全责任

《建设工程安全生产管理条例》对其他相关单位安全责任规定如下：

第十五条 为建设工程提供机械设备和配件的单位，应当按照安全施工的要求配备齐全有效的保险、限位等安全设施和装置。

第十六条 出租的机械设备和施工机具及配件，应当具有生产（制造）许可证、产品合格证。

出租单位应当对出租的机械设备和施工机具及配件的安全性能进行检测，在签订租赁协议时，应当出具检测合格证明。

禁止出租检测不合格的机械设备和施工机具及配件。

第十七条 在施工现场安装、拆卸施工起重机械和整体提升脚手架、模板等自升式架设设施，必须由具有相应资质的单位承担。

安装、拆卸施工起重机械和整体提升脚手架、模板等自升式架设设施，应当编制拆装方案、制定安全施工措施，并由专业技术人员现场监督。

施工起重机械和整体提升脚手架、模板等自升式架设设施安装完毕后，安装单位应当自检，出具自检合格证明，并向施工单位进行安全使用说明，办理验收手续并签字。

第十八条 施工起重机械和整体提升脚手架、模板等自升式架设设施的使用达到国家规定的检验检测期限的，必须经具有专业资质的检验检测机构检测。经检测不合格的，不得继续使用。

第十九条 检验检测机构对检测合格的施工起重机械和整体提升脚手架、模板等自升式架设设施，应当出具安全合格证明文件，并对检测结果负责。

3.5.2 其他相关方安全生产法律责任

《建设工程安全生产管理条例》对其他相关单位安全生产法律责任规定如下：

第五十九条 违反本条例的规定，为建设工程提供机械设备和配件的单位，未按照安全施工的要求配备齐全有效的保险、限位等安全设施和装置的，责令限期改正，处合同价款 1 倍以上 3 倍以下的罚款；造成损失的，依法承担赔偿责任。

第六十条　违反本条例的规定，出租单位出租未经安全性能检测或者经检测不合格的机械设备和施工机具及配件的，责令停业整顿，并处 5 万元以上 10 万元以下的罚款；造成损失的，依法承担赔偿责任。

第六十一条　违反本条例的规定，施工起重机械和整体提升脚手架、模板等自升式架设设施安装、拆卸单位有下列行为之一的，责令限期改正，处 5 万元以上 10 万元以下的罚款；情节严重的，责令停业整顿，降低资质等级，直至吊销资质证书；造成损失的，依法承担赔偿责任：

（1）未编制拆装方案、制定安全施工措施的。

（2）未由专业技术人员现场监督的。

（3）未出具自检合格证明或者出具虚假证明的。

（4）未向施工单位进行安全使用说明，办理移交手续的。

施工起重机械和整体提升脚手架、模板等自升式架设设施安装、拆卸单位有前款规定的第（一）项、第（三）项行为，经有关部门或者单位职工提出后，对事故隐患仍不采取措施，因而发生重大伤亡事故或者造成其他严重后果，构成犯罪的，对直接责任人员，依照刑法有关规定追究刑事责任。

第 4 章　建筑施工企业安全生产管理

4.1　安全生产责任制

4.1.1　法律法规要求

《安全生产法》第十九条规定：生产经营单位的安全生产责任制应当明确各岗位的责任人员、责任范围和考核标准等内容。生产经营单位应当建立相应的机制，加强对安全生产责任制落实情况的监督考核，保证安全生产责任制的落实。

《建筑法》第三十六条规定：建筑工程安全生产管理必须坚持安全第一、预防为主的方针，建立健全安全生产的责任制度和群防群治制度；同时，《建筑法》第四十四条规定：建筑施工企业必须依法加强对建筑安全生产的管理，执行安全生产责任制度，采取有效措施，防止伤亡和其他安全生产事故的发生。建筑施工企业的法定代表人对本企业的安全生产负责。

4.1.2　安全生产责任制的基本含义

安全生产责任制是企业各项安全生产规章制度的核心，是企业行政岗位责任制度的重要组成部分。安全生产责任制是按照“安全第一、预防为主、综合治理”的方针和管生产必须管安全的原则，将各级管理人员、各职能部门、各基层单位、班组和广大的从业人员在安全生产方面应该做的工作和应负的责任加以明确规定的一种制度。企业安全生产责任制的核心是实现安全生产的五同时，即在计划、布置、检查、总结和评比生产的同时，计划、布置、检查、总结和评比安全工作。安全生产责任制包括两个方面，即纵向到底，指从主要负责人到一般从业人员的安全生产责任制；横向到边，也就是各职能部门的安全生产责任制。

4.1.3　安全生产责任制制定的原则与程序

（1）制定原则

1）合法性。必须符合国家有关法律、法规和政策、方针、相关文件的要求，并及时修订。

2）全面性。明确每个部门和人员在安全生产方面的权利、责任和义务，做到安全生产人人有责。

3）可操作性。要保证安全生产责任的落实，必须建立专门的考核机构，形成监督、检查和考核机制，保证安全生产责任制度得到真正落实。

（2）制定程序

1）明确所有管理人员和从业人员的安全职责和权限，形成文件。主要负责人对从业人员的安全负最终责任，并在安全生产中起领导作用，各级管理人员应有效管理其管辖范围内的安全生产工作。

2）应界定不同职能间和不同层次间的职责衔接，形成文件。企业应将安全生产职责和权限向所有相关人员传达，确保使其了解各自职责的范围、接口关系和实施途径。

3）应建立考核职责、频次、方法、标准、奖惩办法等，对安全职责的履行情况和安全生产责任制的实现情况进行考核。

4.1.4　建筑施工企业安全生产责任制的内容

建筑施工企业的安全生产责任制应当涵盖全体人员和全部生产经营活动，其主要内容如下：

（1）建筑施工企业应设立由企业主要负责人及各部门负责人组成的安全生产决策机构，负责领导企业安全管理工作，组织制定企业安全生产中长期管理目标，审议、决策重大安全事项。

（2）各管理层主要负责人中应明确安全生产的第一责任人，对本管理层的安全生产工作全面负责。

（3）各管理层主要负责人应明确并组织落实本管理层各职能部门和岗位的安全生产职责，实现本管理层的安全管理目标。

（4）各管理层的职能部门及岗位负责落实职能范围内与安全生产相关的职责，实现相关安全管理目标。

（5）各管理层专职安全生产管理机构承担的安全职责应包括以下内容：

1）宣传和贯彻国家安全生产法律法规和标准规范；

2）编制并适时更新安全生产管理制度并监督实施；

3）组织或参与企业生产安全相关活动；

4）协调配备工程项目专职安全生产管理人员；

5）制订企业安全生产考核计划，查处安全生产问题，建立管理档案；

6）建筑施工企业各管理层、职能部门、岗位的安全生产责任应形成责任书，并经责任部门或责任人确认。责任书的内容应包括安全生产职责、目标、考核奖惩规定等。

4.2　安全生产组织机构保障制度

4.2.1　法律法规要求

《安全生产法》第二十一条规定：矿山、金属冶炼、建筑施工、道路运输单位和危险物品的生产、经营、储存单位，应当设置安全生产管理机构或者配备专职安全生产管理人员。

前款规定以外的其他生产经营单位，从业人员超过一百人的，应当设置安全生产管理机构或者配备专职安全生产管理人员；从业人员在一百人以下的，应当配备专职或者兼职的安全生产管理人员。

《建设工程安全生产管理条例》第二十三条规定：施工单位应当设立安全生产管理机

构，配备专职安全生产管理人员。专职安全生产管理人员负责对安全生产进行现场监督检查。发现安全事故隐患，应当及时向项目负责人和安全生产管理机构报告；对于违章指挥、违章操作的，应当立即制止。

4.2.2 建筑施工企业安全生产管理机构职责及安全管理人员配备要求

（1）建筑施工企业应当依法设置安全生产管理机构，在企业主要负责人的领导下开展本企业的安全生产管理工作。建筑施工企业安全生产管理机构具有以下职责：

1）宣传和贯彻国家有关安全生产法律法规和标准；

2）编制并适时更新安全生产管理制度并监督实施；

3）组织或参与企业生产安全事故应急救援预案的编制及演练；

4）组织开展安全教育培训与交流；

5）协调配备项目专职安全生产管理人员；

6）制订企业安全生产检查计划并组织实施；

7）监督在建项目安全生产费用的使用；

8）参与危险性较大工程安全专项施工方案专家论证会；

9）通报在建项目违规违章查处情况；

10）组织开展安全生产评优评先表彰工作；

11）建立企业在建项目安全生产管理档案；

12）考核评价分包企业安全生产业绩及项目安全生产管理情况；

13）参加生产安全事故的调查和处理工作；

14）企业明确的其他安全生产管理职责。

（2）建筑施工企业安全生产管理机构专职安全生产管理人员的配备应满足下列要求，并应根据企业经营规模、设备管理和生产需要予以增加：

1）建筑施工总承包资质序列企业：特级资质不少于6人；一级资质不少于4人；二级和二级以下资质企业不少于3人；

2）建筑施工专业承包资质序列企业：一级资质不少于3人；二级和二级以下资质企业不少于2人；

3）建筑施工劳务分包资质序列企业：不少于2人；

4）建筑施工企业的分公司、区域公司等较大的分支机构（以下简称分支机构）应依据实际生产情况配备不少于2人的专职安全生产管理人员。

4.2.3 项目安全生产管理机构职责及安全管理人员配备要求

建筑施工企业应当在建设工程项目组建安全生产领导小组。建设工程实行施工总承包的，安全生产领导小组由总承包企业、专业承包企业和劳务分包企业项目经理、技术负责人和专职安全生产管理人员组成。

（1）项目安全生产领导小组的主要职责：

1）贯彻落实国家有关安全生产法律法规和标准；

2）组织制定项目安全生产管理制度并监督实施；

3）编制项目生产安全事故应急救援预案并组织演练；

4）保证项目安全生产费用的有效使用；

5）组织编制危险性较大工程安全专项施工方案；

6）开展项目安全教育培训；

7）组织实施项目安全检查和隐患排查；

8）建立项目安全生产管理档案；

9）及时、如实报告安全生产事故。

（2）项目专职安全生产管理人员具有以下主要职责：

1）负责施工现场安全生产日常检查并做好检查记录；

2）现场监督危险性较大工程安全专项施工方案实施情况；

3）对作业人员违规违章行为有权予以纠正或查处；

4）对施工现场存在的安全隐患有权责令立即整改；

5）对于发现的重大安全隐患，有权向企业安全生产管理机构报告；

6）依法报告生产安全事故情况。

（3）总承包单位配备项目专职安全生产管理人员应当满足下列要求：

1）建筑工程、装修工程按照建筑面积配备

①1万m^2以下的工程不少于1人；

②1～5万m^2的工程不少于2人；

③5万m^2及以上的工程不少于3人，且按专业配备专职安全生产管理人员。

2）土木工程、线路管道、设备安装工程按照工程合同价配备

①5000万元以下的工程不少于1人；

②5000万～1亿元的工程不少于2人；

③1亿元及以上的工程不少于3人，且按专业配备专职安全生产管理人员。

（4）分包单位配备项目专职安全生产管理人员应当满足下列要求：

1）专业承包单位应当配置至少1人，并根据所承担的分部分项工程的工程量和施工危险程度增加。

2）劳务分包单位施工人员在50人以下的，应当配备1名专职安全生产管理人员；50～200人的，应当配备2名专职安全生产管理人员；200人及以上的，应当配备3名及以上专职安全生产管理人员，并根据所承担的分部分项工程施工危险实际情况增加，不得少于工程施工人员总人数的5‰。

采用新技术、新工艺、新材料或致害因素多、施工作业难度大的工程项目，项目专职安全生产管理人员的数量应当根据施工实际情况，在上述规定的配备标准上增加。

施工作业班组可以设置兼职安全巡查员，对本班组的作业场所进行安全监督检查。建筑施工企业应当定期对兼职安全巡查员进行安全教育培训。

4.3　安全文明资金保障制度

4.3.1　法律法规要求

《安全生产法》第二十条规定：生产经营单位应当具备的安全生产条件所必需的资金投

入，由生产经营单位的决策机构、主要负责人或者个人经营的投资人予以保证，并对由于安全生产所必需的资金投入不足导致的后果承担责任。

有关生产经营单位应当按照规定提取和使用安全生产费用，专门用于改善安全生产条件。安全生产费用在成本中据实列支。安全生产费用提取、使用和监督管理的具体办法由国务院财政部门会同国务院安全生产监督管理部门征求国务院有关部门意见后制定。

《建设工程安全生产管理条例》第二十二条规定：施工单位对列入建设工程概算的安全作业环境及安全施工措施所需费用，应当用于施工安全防护用具及设施的采购和更新、安全施工措施的落实、安全生产条件的改善，不得挪作他用。

4.3.2 安全文明施工措施费构成及计提规定

安全文明施工措施费，是指工程施工期间的施工作业区、办公区、生活区达到现行的建设施工安全、文明环境卫生标准要求，所需购置和更新施工安全防护、文明施工设施的费用。

安全文明措施费由安全施工费、文明施工费（含环境保护费、临时设施费）组成。安全施工费用主要包括安全技术措施、安全教育培训、劳动保护、应急救援，以及必要的安全评价、监测、检测、论证等所需费用。根据《企业安全生产费用提取和使用管理办法》（财企 [2012]16 号），建筑施工企业以建筑安装工程造价为计提依据，房屋建筑工程、水利水电工程、电力工程、铁路工程、城市轨道交通工程按 2.0% 提取，市政公用工程、冶炼工程、机电安装工程、化工石油工程、港口与航道工程、公路工程、通信工程按 1.5% 提取。

建筑施工企业应按规定提取安全生产所需的费用，并列入工程造价，在竞标时，不得删减，列入标外管理。总包单位应当将安全费用按比例直接支付分包单位并监督使用，分包单位不再重复提取。

4.3.3 安全文明施工措施费使用计划及范围

建筑施工企业应当保证安全生产条件所需资金的投入，企业法定代表人是安全投入管理的第一责任人，对由于安全生产、文明施工所必需的资金投入不足而导致的后果承担责任。

（1）编制使用计划

1）建筑施工企业各管理层应根据安全生产、文明施工管理需要，编制费用使用计划，明确费用使用的项目、类别、额度、实施单位及责任者、完成期限等内容，并应经审核批准后执行。

2）建筑施工企业各管理层相关负责人必须在其管辖范围内，按专款专用、及时足额的要求，组织实施安全生产费用使用计划。

（2）使用范围

建筑施工企业安全生产费用不得挪作他用，应当按照以下范围使用：

1）完善、改造和维护安全防护设施设备支出（不含“三同时”要求初期投入的安全设施），包括施工现场临时用电系统、洞口、临边、机械设备、高处作业防护、交叉作业防护、防火、防爆、防尘、防毒、防雷、防台风、防地质灾害、地下工程有害气体监测、通风、临时安全防护等设施设备支出。

2）配备、维护、保养应急救援器材、设备支出和应急演练支出。

3）开展重大危险源和事故隐患评估、监控和整改支出。

4）安全生产检查、咨询、评价和标准化建设支出。

5）配备和更新现场作业人员安全防护用品支出。

6）安全生产宣传、教育、培训支出。

7）安全生产新技术、新装备、新工艺、新标准的推广应用支出。

8）安全设施及特种设备检测检验支出。

9）其他与安全生产直接相关的支出。

文明施工与环境费应当用于设置安全警示标志牌、安全板图、现场围挡、企业标志、场容场貌、材料堆放、现场防火、垃圾清运以及扬尘治理、硬化绿化、大气监测等。

4.3.4　安全文明施工措施费使用管理规定

根据《建筑工程安全防护、文明施工措施费用及使用管理规定》（建办 [2005]89 号），建筑工程安全文明施工措施费用管理应符合下列要求：

（1）建设单位、设计单位在编制工程概（预）算时，应当依据工程所在地工程造价管理机构测定的相应费率，合理确定工程安全文明措施费。

（2）依法进行工程招投标的项目，招标方或具有资质的中介机构编制招标文件时，应当按照有关规定并结合工程实际单独列出安全防护、文明施工措施项目清单。

（3）投标方应当根据现行标准规范，结合工程特点、工期进度和作业环境要求，在施工组织设计文件中制定相应的安全防护、文明施工措施，并按照招标文件要求结合自身的施工技术水平、管理水平对工程安全防护、文明施工措施项目单独报价。投标方安全防护、文明施工措施的报价，不得低于依据工程所在地工程造价管理机构测定费率计算所需费用总额的 90%。

（4）建设单位与施工单位应当在施工合同中明确安全防护、文明施工措施项目总费用，以及费用预付、支付计划，使用要求、调整方式等条款。

（5）建设单位与施工单位在施工合同中对安全文明措施费用预付、支付计划未作约定或约定不明的，合同工期在一年以内的，建设单位预付安全防护、文明施工措施项目费用不得低于该费用总额的 50%；合同工期在一年以上的（含一年），预付安全文明措施费用不得低于该费用总额的 30%，其余费用应当按照施工进度支付。

（6）实行工程总承包的，总承包单位依法将建筑工程分包给其他单位的，总承包单位与分包单位应当在分包合同中明确安全文明措施费用由总承包单位统一管理。安全防护、文明施工措施由分包单位实施的，由分包单位提出专项安全防护措施及施工方案，经总承包单位批准后及时支付所需费用。

（7）建设单位申请领取建筑工程施工许可证时，应当将施工合同中约定的安全文明措施费用支付计划作为保证工程安全的具体措施提交建设行政主管部门。未提交的，建设行政主管部门不予核发施工许可证。

（8）建设单位应当按照本规定及合同约定及时向施工单位支付安全文明措施费，并督促施工企业落实安全防护、文明施工措施。

（9）工程监理单位应当对施工单位落实安全防护、文明施工措施情况进行现场监理。对施工单位已经落实的安全防护、文明施工措施，总监理工程师或者造价工程师应当及时审查并签认所发生的费用。监理单位发现施工单位未落实施工组织设计及专项施工方案中安全防护和文明施工措施的，有权责令其立即整改；对施工单位拒不整改或未按期限要求完成整改的，工程监理单位应当及时向建设单位和建设行政主管部门报告，必要时责令其暂停施工。

（10）施工单位应当确保安全文明措施费专款专用，在财务管理中单独列出安全防护、文明施工措施项目费用清单备查。施工单位安全生产管理机构和专职安全生产管理人员负责对建筑工程安全防护、文明施工措施的组织实施进行现场监督检查，并有权向建设主管部门反映情况。

（11）工程总承包单位对建筑工程安全文明措施费用的使用负总责。总承包单位应当按照本规定及合同约定及时向分包单位支付安全文明措施费用。总承包单位不按本规定和合同约定支付费用，造成分包单位不能及时落实安全防护措施导致发生事故的，由总承包单位负主要责任。

4.4 安全生产教育培训制度

4.4.1 法律法规要求

早在1994年颁布的《中华人民共和国劳动法》中，就将安全教育培训列入了该部法律中并成为重要内容，其明确规定用人单位必须对劳动者进行劳动安全卫生教育，防止劳动过程中的事故，减少职业危害；从事特种作业的劳动者必须经过专门培训并取得特种作业资格。《中华人民共和国职业教育法》、《中华人民共和国安全生产法》、《中华人民共和国就业促进法》等法律，也对从事技术工种的职工必须经过岗前培训、从事特种作业的职工必须经过培训并取得特种作业资格等作出了明文规定。

1997年颁布的《中华人民共和国建筑法》规定，建筑施工企业应当建立健全劳动安全生产教育培训制度，加强对职工安全生产的教育培训；未经安全生产教育培训的人员，不得上岗作业。2003年颁布的《建设工程安全生产管理条例》进一步规定，施工单位应当建立健全安全生产责任制度和安全生产教育培训制度。垂直运输机械作业人员、安装拆卸工、爆破作业人员、起重信号工、登高架设作业人员等特种作业人员，必须按照国家有关规定经过专门的安全作业培训，并取得特种作业操作资格证书后，方可上岗作业。施工单位的主要负责人、项目负责人、专职安全生产管理人员应当经建设行政主管部门或者其他有关部门考核合格后方可任职。施工单位应当对管理人员和作业人员每年至少进行一次安全生产教育培训，其教育培训情况记入个人工作档案。安全生产教育培训考核不合格的人员，不得上岗。作业人员进入新的岗位或者新的施工现场前，应当接受安全生产教育培训。未经教育培训或者教育培训考核不合格的人员，不得上岗作业。施工单位在采用新技术、新工艺、新设备、新材料时，应当对作业人员进行相应的安全生产教育培训。

2016年12月9日中共中央、国务院颁布的《关于推进安全生产领域改革发展的意见》，该文件所提出的一系列改革举措和任务要求，为当前和今后一个时期我国安全生产领域的改革发展指明了方向和路径。该文件中明确指出：“健全安全宣传教育体系。把安全生产纳入农民工技能培训内容。严格落实企业安全教育培训制度，切实做到先培训、后上岗。推进安全文化建设，加强警示教育，强化全民安全意识和法治意识。”

住房城乡建设部也制定了一系列的建筑安全教育培训管理办法。这些法律、法规、规章和规范性文件等的颁布实施，使我国建筑安全教育培训和考核工作步入了法制化、规范化的发展轨道。

4.4.2　安全生产教育培训对象及要求

（1）建筑企业主要负责人、项目负责人和安全生产管理人员必须具备与本单位所从事的生产经营活动相应的安全生产知识和管理能力。

（2）建筑施工企业应当对从业人员进行安全教育和培训，保证从业人员具备必要的安全生产知识，熟悉有关的安全生产规章制度和安全操作规程，掌握本岗位的安全操作技能，了解事故应急处理措施，知悉自身在安全生产方面的权利和义务。未经安全生产教育和培训合格的从业人员，不得上岗作业。

（3）使用被派遣劳动者的，应当将被派遣劳动者纳入本单位从业人员统一管理，对被派遣劳动者进行岗位安全操作规程和安全操作技能的教育和培训。劳务派遣单位应当对被派遣劳动者进行必要的安全生产教育培训。

（4）接收中等职业学校、高等学校学生实习的，应当对实习学生进行相应的安全生产教育培训，提供必要的劳动防护用品。学校应当协助生产经营单位对实习学生进行安全生产教育培训。

（5）建筑施工企业各管理层应在作业人员进场前、转岗，节假日、事故后，以及采用新技术、新工艺、新设备、新材料时进行针对性安全生产教育培训；应结合季节施工要求及安全生产形势对从业人员进行日常安全生产教育培训。

（6）建筑施工企业每年应按规定对所有相关人员进行安全生产继续教育。

（7）建筑施工企业新上岗操作工人必须进行岗前教育培训（三级安全教育）。

（8）建筑施工企业应当建立安全生产教育培训档案，如实记录安全生产教育培训的时间、内容、参加人员及考核结果等情况。

4.4.3　安全生产教育培训时间要求

根据《建筑业企业职工安全培训教育暂行规定》（建教[1997]83号），建筑业企业职工每年必须接受一次专门的安全培训：

（1）企业法定代表人、项目经理每年接受安全培训的时间，不得少于30学时。

（2）企业专职安全管理人员除按照《建设企事业单位关键岗位持证上岗管理规定》（建教（1991）522号文）的要求，取得岗位合格证书并持证上岗外，每年还必须接受安全专业技术业务培训，时间不得少于40学时。

（3）企业其他管理人员和技术人员每年接受安全培训的时间，不得少于20学时。

（4）企业特殊工种（包括电工、焊工、架子工、司炉工、爆破工、机械操作工、起重工、塔式起重机司机及指挥人员、人货两用电梯司机等）在通过专业技术培训并取得岗位操作证后，每年仍须接受有针对性的安全培训，时间不得少于 20 学时。

（5）企业其他职工每年接受安全培训的时间，不得少于 15 学时。

（6）企业待岗、转岗、换岗的职工，在重新上岗前，必须接受一次安全培训，时间不得少于 20 学时。

（7）建筑业企业新进场的工人，必须接受公司、项目、班组的三级安全培训教育，经考核合格后，方能上岗。公司级安全教育培训时间不少于 15 学时，项目级不少于 15 学时，班组级不少于 20 学时。

4.4.4 安全生产教育培训计划制定

建筑施工企业主要负责人负责组织制订并实施本单位安全培训计划。

（1）建筑施工企业安全生产教育培训机构负责企业职工的安全生产教育培训，应制定制度、编制计划、建立档案，确保安全生产教育培训工作有序开展。

（2）建筑施工企业安全生产教育培训应贯穿于生产经营的全过程。

（3）建筑施工企业安全生产教育培训计划应依据类型、对象、内容、时间安排、形式等需求进行编制。

（4）安全生产教育培训的对象应包括企业法定代表人、各管理层的负责人、管理人员、特种作业人员以及新上岗、待岗复工、转岗、换岗的作业人员。

建筑施工企业应当建立健全从业人员安全生产教育和培训档案，由安全生产管理机构以及安全生产管理人员详细、准确记录培训的时间、内容、参加人员以及考核结果等情况。

4.4.5 安全生产教育培训内容

（1）年度安全教育培训

建筑施工企业每年度应按规定对所有从业人员进行安全生产教育培训。年度安全生产教育培训情况应记入职工个人档案，培训考核不合格的人员，不得上岗。主要内容有：

1）国家、行业颁布的安全生产法律、法规、标准、规范。

2）地方颁发的法规、规范性文件和地方标准、规范。

3）施工单位制定的安全规章制度和操作规程。

4）典型安全事件和事故案例分析。

（2）新进场工人“三级”安全教育培训

1）公司级安全教育培训的主要内容是：国家、地方有关安全生产的方针、政策、法律法规、标准、规范、规程和企业的安全规章制度等。

2）项目级安全教育培训的主要内容是：工地安全制度、施工现场环境、工程施工特点及可能存在的不安全因素等。

3）班组级安全教育培训的主要内容是：本工种的安全操作规程、生产安全事故案例、劳动纪律和岗位讲评等。

（3）转场、转岗和复岗安全教育培训

作业人员进入新的岗位或者新的施工现场前，应当接受安全生产教育培训。未经教育培训或者教育培训考核不合格的人员，不得上岗作业。

1）转场安全教育培训

转场是指作业人员进入新的施工现场。作业人员进入新的施工现场前，必须根据新的施工作业特点接受有针对性的安全生产教育，熟悉安全生产规章制度，了解工程作业特点和安全生产注意事项，并经考核合格后方可上岗。

2）转岗安全教育培训

转岗是指作业人员进入新的岗位。施工单位在作业人员进入新的岗位、从事新的工种作业前，必须对其进行有针对性的安全教育培训，使其熟悉新岗位的安全操作规程和注意事项，掌握安全操作技能，并经考核合格方可上岗。属于特种作业人员的，还必须按照有关规定取得特种作业操作资格证书后，方可上岗作业。

3）复岗安全教育培训

复岗是指作业人员离开原作业岗位6个月以上，又回到原作业岗位。教育内容应当具有针对性，包括：伤后的复岗安全教育、休假后复岗安全教育和复岗后转场安全教育。

复岗后不能在原施工现场作业的，除进行离岗教育外，还应进行转场安全教育。

（4）新技术、新工艺、新设备、新材料安全教育培训

施工单位在采用新技术、新工艺、新设备、新材料时，应当由技术部门和安全部门负责对作业人员进行相应的安全教育培训。主要内容有：

1）新技术、新工艺、新设备、新材料的特点、特性和使用方法。

2）新技术、新工艺、新设备、新材料投产使用后可能导致的新的危害因素及其防护方法。

3）新产品、新设备的安全防护装置的特点和使用。

4）新技术、新工艺、新设备、新材料的安全管理制度及安全操作规程。

5）采用新技术、新工艺、新设备、新材料应注意的事项。

（5）季节性安全教育

季节性安全教育是针对气候特点（如冬期、夏季、雨期等）可能给施工安全带来危害而组织的安全教育培训。

1）夏季安全教育培训

夏季高温，多雷电、暴雨、台风，是触电、雷击、坍塌等事故的高发期。气候闷热容易造成中暑，职工夜间休息不好，容易引发安全事故。因此，应当加强夏季安全教育培训。主要包括：安全用电知识、预防雷击知识、防坍塌安全知识、预防台风、暴风雨、泥石流等自然灾害的安全知识和防暑降温知识。

2）冬期安全教育培训

北方地区冬期气候干燥、寒冷且常常伴有大风，作业面及道路易结冰，给安全生产带来隐患；由于施工需要和办公、宿舍取暖，使用明火等原因，容易发生火灾和中毒事故；职工衣着笨重、动作不灵敏，容易发生意外事故。因此，应当加强冬期安全教育培训。主要内容包括：防冻、防滑知识、防火安全知识、安全用电知识和防中毒知识。

（6）节假日安全教育培训

节假日期间和前后，职工的思想和工作情绪不稳定，思想不集中，注意力分散，给安全生产带来不利因素。因此，加强对职工的安全教育非常必要。主要内容包括：

1）加强对管理人员和作业人员的思想教育，稳定职工工作情绪。

2）加强劳动纪律和安全规章制度的教育。

3）班组长要做好上岗前的安全教育，可以结合安全技术交底内容进行。

4）对较易发生事故的薄弱环节，进行专门的安全教育。

（7）其他形式的安全教育培训

4.4.6 安全教育培训方法和形式

具备安全生产培训条件的建筑施工企业，应当以自主培训为主；可以委托具备安全生产培训条件的机构对从业人员进行安全培训。不具备安全生产培训条件的建筑施工企业，应当委托具备安全生产培训条件的机构对从业人员进行安全培训。

安全教育培训的方法多种多样，各有特点，在实际应用中，要根据建筑施工企业的特点、培训内容和培训对象灵活选择。

目前安全教育培训的形式主要有广告宣传式、演讲式、会议（讨论）式、报刊式、竞赛式、声像式、现场观摩演示形式、文艺演出式、体验式安全教育培训等。尤其是体验式安全教育培训，以最直接的视觉、听觉和触觉让受训人员进行亲身体验，能够使员工的安全意识在短时间内得到最大程度的提高，掌握安全操作技能、安全防范知识和必要的安全救护知识。

4.5 安全检查制度

4.5.1 法律法规要求

《安全生产法》第十八条第五款规定：生产经营单位的主要负责人应督促、检查本单位的安全生产工作，及时消除生产安全事故隐患。

《安全生产法》第二十二八条第五款规定：生产经营单位的安全生产管理机构以及安全生产管理人员应履行检查本单位的安全生产状况，及时排查生产安全事故隐患，提出改进安全生产管理的建议。

《建设工程安全生产管理条例》第二十一条规定：施工单位主要负责人应当对所承担的建设工程进行定期和专项安全检查，并做好安全检查记录。

4.5.2 安全检查的内容

人的不安全行为、物的不安全状态以及管理上的缺陷，是造成生产安全事故发生的基本因素。消除这些因素，就要设法及时发现，进而采取有效的措施，这要求企业应对安全生产状况进行经常性检查，并加以改进。

所谓的安全检查，是指对生产过程及安全管理中可能存在的隐患、有害与危险因素、缺陷等进行查证，以确定隐患与危险因素、缺陷的存在状态，分析可能转化为事故的条件，制定整改措施，消除隐患与危险因素，确保安全生产的工作方法。

安全检查是安全生产管理工作的一项重要内容，是安全生产工作中发现不安全状况和不安全行为的有效措施，是消除事故隐患、落实整改措施、防止伤亡事故发生、改善劳动条件的重要手段。建筑施工企业应当依据法律法规、安全技术标准和企业规章制度、安全规程等开展安全检查工作。

安全检察内容主要包括：

（1）安全目标的实现程度；

（2）安全生产职责的落实情况；

（3）各项安全管理制度的执行情况；

（4）施工现场安全隐患排查和安全防护情况；

（5）生产安全事故、未遂事故和其他违规违法事件的调查、处理情况；

（6）安全生产法律法规、标准规范和其他要求的执行情况。

4.5.3　安全检查的方式

安全检查的方式主要包括：综合性检查、经常性检查、专项检查、季节性检查、定期检查、不定期检查等。

（1）综合性检查

综合性检查是企业管理层对下属单位及施工现场进行的全面性安全检查，是确保企业各项管理有效落实的重要措施。如企业安全生产条件自评、工程项目安全达标验收等。

（2）经常性检查

经常性检查是采取个别的、通过日常的巡视方式实现的。如施工班组班前、班后的岗位安全检查，各级安全员及安全值班人员日常巡回检查等，能够及时发现、及时消除隐患，保证施工正常进行。

（3）专项检查

专项检查是针对某个专项问题或在施工中存在的某个突出性安全问题进行的单项或定向检查。专项检查具有较强的针对性和专业性要求，一般针对检查难度较大或者存在问题较多的部位或分部分项工程开展。如模板工程，施工起重机械，防尘、防毒及防火检查等。

（4）季节性、节假日安全检查

季节性安全检查是针对气候特点（如冬期、夏季、雨期等）可能给安全施工带来危害而组织的安全检查。

节假日安全检查是在节假日（如元旦、春节、劳动节、国庆节）期间和节假日前后，针对职工纪律松懈、思想麻痹等进行的安全检查。

（5）定期检查

定期检查一般是通过有计划、有目的、有组织的形式来实现的。检查周期可根据施工单位的具体情况确定。如施工单位可确定季查、月查、施工现场周查、班组日查制度。定期检查面广、深度大，能解决一些普遍存在的问题。

工程项目部每天应结合施工动态，实行安全巡查；总承包单位工程项目部应组织各分包单位每周进行安全检查，每月对照《建筑施工安全检查标准》JGJ 59，至少进行一次定量检查。企业每月应对工程项目施工现场安全职责落实情况至少进行一次检查，并针对检查中发现的倾向性问题、安全生产状况较差的工程项目，组织专项检查。

（6）不定期检查

不定期检查是企业在跟踪企业及工程项目管理现状的状态下采取的时间灵活、随机性检查。如对工程项目开展的突击性安全检查。

4.5.4 安全检查的程序

（1）检查准备

1）确定检查对象、目的和任务；

2）制定检查计划，确定检查内容、方法和步骤；

3）组织检查人员（配备专业人员），成立检查组织；

4）准备必要的检测工具、仪器、检查表格和记录本。

（2）检查实施

1）查阅有关安全生产的文件和资料并进行检查访谈；

2）通过现场观察和仪器测量进行实地检查。

（3）综合分析

1）根据检查情况作出安全检查结论；

2）指出事故隐患和存在问题；

3）提出整改建议和意见。

（4）整改复查

1）监督被检查单位对安全检查中发现的问题和隐患，应定人、定时间、定措施组织整改；

2）被检查单位将整改情况报检查组织；检查组织应当跟踪、复查隐患整改情况。

（5）总结改进

1）被检查单位对安全检查中发现的问题，进行统计、分析；

2）确定多发和重大隐患，制定治理预防措施；

3）实施治理预防措施。

（6）建档备案

1）检查组织建立并保存安全检查资料与记录；

2）被检查单位（包含工程项目）建立并保存安全检查和改进活动的资料与记录。

4.5.5 施工现场安全检查

建筑施工现场的安全检查是做好工程项目安全管理的重要手段，检查评定的主要依据是《建筑施工安全检查标准》JGJ 59—2011。

建筑施工安全检查评分表是指《建筑施工安全检查标准》JGJ 59—2011所规定的检查评分表，是建筑施工现场安全检查的主要格式化文件，被广泛应用。该标准于1988年由建设部颁布，1999年进行了第一次修订，2011年进行了第二次修订，形成现行版本。现行版本主要包括总则、术语、检查评定项目、检查评分方法和检查评分等级五大部分。该标准是建筑安全标准化的主要组成部分，适用于房屋建筑工程现场安全生产的检查评定，评定分为优良、合格和不合格三个等级，当评定等级为不合格时，必须整改达到合格。

4.6 隐患排查治理制度

4.6.1 法律法规要求

安全生产事故隐患，是指生产经营单位违反安全生产法律、法规、规章、标准、规程和安全生产管理制度的规定，或者因其他因素在生产经营活动中存在可能导致事故发生的物的危险状态、人的不安全行为和管理上的缺陷。

事故隐患分为一般事故隐患和重大事故隐患。一般事故隐患，是指危害和整改难度较小，发现后能够立即整改排除的隐患。重大事故隐患，是指危害和整改难度较大，应当全部或者局部停产停业，并经过一定时间整改治理方能排除的隐患，或者因外部因素影响致使生产经营单位自身难以排除的隐患。

《安全生产法》规定:“生产经营单位应当建立健全生产安全事故隐患排查治理制度，采取技术、管理措施，及时发现并消除事故隐患。事故隐患排查治理情况应当如实记录，并向从业人员通报。”安监（局）2007年印发的《安全生产事故隐患排查治理暂行规定》（安监总局令第16号），明确了生产经营单位的职责、监督管理等内容。

4.6.2 隐患排查治理制度内容

施工单位是建筑施工事故隐患排查、治理和防控的责任主体，应当建立和完善隐患排查治理制度。主要包括以下内容:

（1）建立健全事故隐患排查治理和建档监控等制度，逐级落实从主要负责人到每个从业人员的隐患排查治理和监控职责;

（2）建立资金使用专项制度，保证事故隐患排查治理所需资金的投入;

（3）组织人员对工程项目存在的事故隐患进行排查整治;

（4）制定事故隐患报告和举报奖励措施，鼓励、发动职工发现和排除事故隐患，鼓励社会公众举报。

4.6.3 隐患排查治理实施

（1）施工单位应当落实隐患排查制度，定期组织安全生产管理人员、工程技术人员和其他相关人员排查每一个工程项目的重大隐患，特别是对深基坑、高支模、地铁隧道等技术难度大、风险大的重要工程应重点定期排查。

（2）对排查出的事故隐患，应当按照事故隐患的等级进行登记，建立事故隐患信息档案，并按照职责分工实施监控治理。事故隐患治理方案应当包括以下内容:

① 治理的目标和任务;

② 采取的方法和措施;

③ 经费和物资的落实;

④ 负责治理的机构和人员;

⑤ 治理的时限和要求。

（3）施工单位在事故隐患治理过程中，应当采取相应的安全防范措施，防止事故发生。事故隐患排除前或者在排除过程中无法保证安全的，应当从危险区域内撤出作业人员，并疏散可能危及的其他人员，设置警戒标志，暂时停止施工，防止事故发生。

（4）施工单位应加强对自然灾害的预防。对于因自然灾害可能导致事故灾难的隐患，应按照有关法律、法规、标准的要求排查治理，采取可靠的预防措施，制定应急预案。在接到有关自然灾害预报时，应及时向下属单位发出预警通知；发生可能危及人员安全的自然灾害时，应当采取撤离人员、停止作业、加强监测等安全措施，并及时向建设单位和有关部门报告。

（5）施工单位应当每季、每年对本单位事故隐患排查治理情况进行统计分析，形成隐患排查治理报告，并分类建档。隐患排查治理报告内容应当包括：

1）隐患的现状及其产生原因；

2）隐患的危害程度和整改难易程度分析；

3）隐患的治理方案。

4.7 安全生产标准化

4.7.1 法律法规要求

《安全生产法》第四条规定：生产经营单位必须遵守本法和其他有关安全生产的法律、法规，加强安全生产管理，建立、健全安全生产责任制和安全生产规章制度，改善安全生产条件，推进安全生产标准化建设，提高安全生产水平，确保安全生产。

2004年1月，国务院印发了《关于进一步加强安全生产工作的决定》（国发[2004]2号），提出："在全国所有工矿、商贸、交通运输、建筑施工等企业普遍开展安全质量标准化活动。"

2010年7月，国务院印发了《关于进一步加强企业安全生产工作的通知》（国发[2010]23号），提出："全面开展安全达标。深入开展以岗位达标、专业达标和企业达标为内容的安全生产标准化建设。"

2011年5月，国务院安委会印发了《关于深入开展企业安全生产标准化建设的指导意见》（安委[2011]4号），提出："在工矿商贸和交通运输行业（领域）深入开展安全生产标准化建设。""抓达标，严格考评。各地区、各有关部门要加强对企业安全生产标准化建设的督促检查，严格组织开展达标考评。"

2011年5月，住房城乡建设部安委会办公室印发了《关于继续深入开展建筑安全生产标准化工作的通知》（建安办函[2011]14号），对进一步深入开展建筑施工企业安全生产标准化工作进行了部署。

2011年11月，国务院印发了《关于坚持科学发展安全发展促进安全生产形势持续稳定好转的意见》（国发[2011]40号），提出："推进安全生产标准化建设。在工矿商贸和交通运输行业领域普遍开展岗位达标、专业达标和企业达标建设。"

2013年3月，住房城乡建设部办公厅印发了《关于开展建筑施工安全生产标准化考评工作的指导意见》（建办质[2013]11号），对建筑施工安全生产标准化考评工作提出了总体要求。

2014年7月，住房城乡建设部印发了《建筑施工安全生产标准化考评暂行办法》（建质[2014]111号），明确了标准化实施主体及考评主体，规范了标准化考评的流程，完善了奖惩措施。

开展建筑施工安全生产标准化，是实现建筑施工安全的标准化、规范化，促使建筑施工企业建立自我约束、持续改进的安全生产长效机制，实现建筑安全生产形势持续稳定的根本途径。

4.7.2　安全生产标准化内涵

建筑施工安全生产标准化，是指建筑施工企业在建筑施工活动中，贯彻执行建筑施工安全法律法规和标准规范，建立企业和项目安全生产责任制，制定安全管理制度和操作规程，监控危险性较大分部分项工程，排查治理安全生产隐患，使人、机、物、环始终处于安全状态，形成过程控制、持续改进的安全管理机制。

4.7.3　安全生产标准化内容

建筑施工企业安全生产标准化主要包括：企业安全生产管理标准化、安全技术管理标准化、设备和设施管理标准化、企业市场行为管理标准化和施工现场安全管理标准化等5项内容。

（1）安全生产管理

安全生产管理评价是对企业安全管理制度建立和落实情况的考核，其内容包括：安全生产责任制度、安全文明资金保障制度、安全教育培训制度、安全检查及隐患排查制度、生产安全事故报告处理制度、安全生产应急救援制度等6个评定项目。

（2）安全技术管理

安全技术管理评价是对企业安全技术管理工作的考核，其内容包括：法规、标准和操作规程配置、施工组织设计、专项施工方案（措施）、安全技术交底、危险源控制等5个评定项目。

（3）设备和设施管理

设备和设施管理评价是对企业设备和设施安全管理工作的考核，其内容包括：设备安全管理、设施和防护用品、安全标志、安全检查测试工具等4个评定项目。

（4）企业市场行为

企业市场行为评价是对企业安全管理市场行为的考核，其内容包括：安全生产许可证、安全生产文明施工、安全质量标准化达标、资质机构与人员管理制度等4个评定项目。

（5）施工现场安全管理

施工现场安全管理评价是对企业所属施工现场安全状况的考核，其内容包括：施工现场安全达标、安全文明资金保障、资质和资格管理、生产安全事故控制、设备设施工艺选用、保险等6个评定项目。

建筑施工企业应根据自身特点和规模，建立并完善以安全生产责任制为核心的安全管理制度，实施安全生产体系管理。开展安全生产标准化建设时，要注意以下几点：

1）坚持“安全第一、预防为主、综合治理”的方针和以人为本的科学发展观；

2）突出企业安全生产工作的规范化、制度化、标准化、科学化、法制化；

3）注重企业安全基础管理工作的拓展、规范和提升。

（6）任务分工

1）建筑施工企业应建立健全以法定代表人为第一责任人的企业安全生产管理体系，实施企业安全生产标准化工作；

2）工程项目应建立健全以项目负责人为第一责任人的项目安全生产管理体系，实施项目安全生产标准化工作；

3）建筑施工项目实行施工总承包的，施工总承包单位对项目安全生产标准化工作负总责。施工总承包单位应当组织专业承包单位等开展项目安全生产标准化工作。

4.7.4 安全生产标准化考评

（1）安全生产标准化自评

根据《建筑施工安全生产标准化考评暂行办法》（建质 [2014]111 号），建筑施工企业应开展安全生产标准化自评。

建筑施工企业安全生产标准化自评工作采用“策划、实施、检查、改进”动态循环的模式，建立并保持安全生产标准化系统，通过自我检查、自我纠正和自我完善，建立安全绩效持续改进的安全生产长效机制。

建筑施工安全生产标准化自评包括建筑施工项目安全生产标准化自评和建筑施工企业安全生产标准化自评。

1）项目自评

① 工程项目应成立由施工总承包及专业承包单位等组成的项目安全生产标准化自评机构，在项目施工过程中每月主要依据《建筑施工安全检查标准》JGJ 59 等开展安全生产标准化自评工作。

② 建筑施工企业安全生产管理机构应定期对项目安全生产标准化工作进行监督检查，检查及整改情况应当纳入项目自评材料。

③ 建设、监理单位应对建筑施工企业实施的项目安全生产标准化工作进行监督检查，并对建筑施工企业的项目自评材料进行审核并签署意见。

④ 项目完工后办理竣工验收前，建筑施工企业应向建设主管部门提交项目安全生产标准化自评材料。主要包括：

A. 项目建设、监理、施工总承包、专业承包等单位及其项目主要负责人名录；

B. 项目主要依据《建筑施工安全检查标准》JGJ 59 等进行自评结果及项目建设、监理单位审核意见；

C. 项目施工期间因安全生产受到住房城乡建设主管部门奖惩情况（包括限期整改、停工整改、通报批评、行政处罚、通报表扬、表彰奖励等）；

D. 项目发生生产安全责任事故情况；

E. 住房城乡建设主管部门规定的其他材料。

2）企业自评

① 建筑施工企业应成立企业安全生产标准化自评机构，每年主要依据《施工企业安全生产评价标准》JGJ/T 77 等开展企业安全生产标准化自评工作。

② 建筑施工企业在办理安全生产许可证延期时，应向建设主管部门提交企业自评材

料。自评材料主要包括：

A. 企业承建项目台账及项目考评结果；

B. 企业主要依据《施工企业安全生产评价标准》JGJ/T 77 等进行自评结果；

C. 企业近三年内因安全生产受到住房城乡建设主管部门奖惩情况（包括通报批评、行政处罚、通报表扬、表彰奖励等）；

D. 企业承建项目发生生产安全责任事故情况；

E. 省级及以上住房城乡建设主管部门规定的其他材料。

（2）建设主管部门考评

根据《建筑施工安全生产标准化考评暂行办法》（建质 [2014]111 号），建设主管部门应对建筑施工企业安全生产标准化自评情况进行考评。

1）对工程项目的考评

① 建设主管部门应对已办理施工安全监督手续并取得施工许可证的建筑施工项目实施安全生产标准化考评。

② 建设主管部门收到建筑施工企业提交的材料后，经查验符合要求的，以项目自评为基础，结合日常监管情况对项目安全生产标准化工作进行评定，在 10 个工作日内向建筑施工企业发放项目考评结果告知书。

③ 项目考评结果分为“优良”、“合格”及“不合格”。评定结果为不合格的，建设主管部门应在项目考评结果告知书中说明理由及项目考评不合格的责任单位。

2）对施工企业的考评

① 建设主管部门应对取得安全生产许可证且许可证在有效期内的建筑施工企业实施安全生产标准化考评。

② 建设主管部门收到建筑施工企业提交的材料后，经查验符合要求的，以企业自评为基础，以企业承建项目安全生产标准化考评结果为主要依据，结合安全生产许可证动态监管情况对企业安全生产标准化工作进行评定，在 20 个工作日内向建筑施工企业发放企业考评结果告知书。

③ 评定结果为“优良”、“合格”及“不合格”。评定结果为不合格的，建设主管部门应当说明理由，责令限期整改。

（3）奖励与惩戒

建设主管部门应当将建筑施工安全生产标准化考评情况记入安全生产信用档案，并将考评结果作为政府相关部门进行绩效考核、信用评级、诚信评价、评先推优、投融资风险评估、保险费率浮动等重要参考依据。

1）建设主管部门对于安全生产标准化考评不合格的建筑施工企业，应当责令限期整改，在企业办理安全生产许可证延期时，复核其安全生产条件，对整改后具备安全生产条件的，安全生产标准化考评结果为“整改后合格”，核发安全生产许可证；对不再具备安全生产条件的，不予核发安全生产许可证。

2）建设主管部门对于安全生产标准化考评不合格的建筑施工企业及项目，应当在企业主要负责人、项目负责人办理安全生产考核合格证书延期时，责令限期重新考核，对重新考核合格的，核发安全生产考核合格证；对重新考核不合格的，不予核发安全生产考核合格证。

3）经安全生产标准化考评合格或优良的建筑施工企业及项目，发现有下列情形之一

的，由建设主管部门撤销原安全生产标准化考评结果，直接评定为不合格，并对有关责任单位和责任人员依法予以处罚:

① 提交的自评材料弄虚作假的;

② 漏报、谎报、瞒报生产安全事故的;

③ 考评过程中有其他违法违规行为的。

第 5 章　建筑施工企业安全技术管理

5.1　施工组织设计

5.1.1　法律法规要求

《建筑法》第三十八条规定：建筑施工企业在编制施工组织设计时，应当根据建筑工程的特点制定相应的安全技术措施；对专业性较强的工程项目，应当编制专项安全施工组织设计，并采取安全技术措施。

《建设工程安全生产管理条例》第二十六条规定：施工单位应当在施工组织设计中编制安全技术措施和施工现场临时用电方案，对下列达到一定规模的危险性较大的分部分项工程编制专项施工方案，并附具安全验算结果，经施工单位技术负责人、总监理工程师签字后实施，由专职安全生产管理人员进行现场监督。

5.1.2　定义与分类

施工组织设计是以施工项目为对象编制的，用以指导施工的技术、经济和管理的综合性、纲领性文件。具体来讲，施工组织设计是施工单位在施工前，根据工程概况、施工工期、场地环境以及机械设备、施工机具和变配电设施等配备计划，拟定工程施工程序、施工流向、施工顺序、施工进度、施工方法、施工人员、技术措施（包括质量、安全）、材料供应，对运输道路、设备设施和水电能源等现场设施的布置和建设作出规划。

施工组织设计按编制对象一般分为施工组织总设计、单位工程施工组织设计和施工方案三类。

（1）施工组织总设计

施工组织总设计是以若干单位工程组成的群体工程或特大型项目为主要对象编制的施工组织设计，对整个项目的施工过程起统筹规划、重点控制的作用。主要包括建设项目工程概况，总体施工部署，施工总进度计划，总体施工准备与主要资源配置计划，主要施工方法，施工总平面布置等。施工组织总设计是编制单位（项）工程施工组织设计的基础。

（2）单位工程施工组织设计

单位工程施工组织设计是指在群体工程项目中，以单位（子单位）工程为对象编制的施工组织设计，对单位（子单位）工程的施工过程起到指导和制约作用，也是编制施工方案的基础。

（3）施工方案

施工方案是以分部（分项）工程或专项工程为主要对象编制的施工技术与组织方案，用以具体指导其施工过程。

5.1.3 编制原则与依据

（1）编制原则

1）符合施工合同或招标文件中有关工程进度、质量、安全、环境保护、造价等方面的要求。

2）积极开发，使用新技术和新工艺，推广应用新材料和新设备。

3）坚持科学的施工程序和合理的施工顺序，采用流水施工和网络计划等方法，科学配置资源，合理布置现场，采取季节性施工措施，实现均衡施工，达到合理的经济技术指标。

4）采取技术和管理措施，推广建筑节能和绿色施工。

5）与质量、环境和职业健康安全三个管理体系有效结合。

（2）编制依据

1）与工程建设有关的法律、法规和文件。

2）国家现行有关标准和技术经济指标。

3）工程所在地区行政主管部门的批准文件，建设单位对施工的要求。

4）工程施工合同或招标投标文件。

5）工程设计文件。

6）工程施工范围内的现场条件，工程地质及水文地质，气象等自然条件。

7）与工程有关的资源供应情况。

8）施工企业的生产能力、机具设备状况、技术水平等。

5.1.4 安全生产内容

（1）安全生产管理目标：达到五无目标，即“无死亡事故，无重大伤人事故，无重大机械事故，无火灾，无中毒事故”，确保达到安全文明施工现场。

（2）安全保证体系的内容。

（3）安全管理制度。

（4）安全管理工作。

（5）安全经济措施。

（6）具体的安全技术措施。

（7）安全应急救援预案。

5.1.5 编制和审批

施工组织设计应由施工单位组织编制，可根据需要分阶段编制和审批；施工组织总设计应由总承包单位技术负责人审批；单位工程施工组织设计应由施工单位技术负责人或技术负责人授权的技术人员审批；施工方案应由项目技术负责人审批。

5.2 危大工程安全管理

5.2.1 法律法规要求

《建设工程安全生产管理条例》第二十六条规定：施工单位应当在施工组织设计中编

制安全技术措施和施工现场临时用电方案，对下列达到一定规模的危险性较大的分部分项工程编制专项施工方案，并附具安全验算结果，经施工单位技术负责人、总监理工程师签字后实施，由专职安全生产管理人员进行现场监督。

危险性较大的分部分项工程，是指房屋建筑和市政基础设施工程在施工过程中，容易导致人员群死群伤或者造成重大经济损失的分部分项工程（以下简称危大工程）。为加强对房屋建筑和市政基础设施工程中危大工程安全管理，住建部在原来的《危险性较大的分部分项工程安全管理办法》（建质 [2009]87 号）基础上进行了修订，于 2018 年 3 月出台了《危险性较大的分部分项工程安全管理规定》（住房和城乡建设部令第 37 号），将原有的《办法》上升为《部令》。

5.2.2　危大工程范围

2018 年 5 月 17 日，住房和城乡建设部发布了“住房城乡建设部办公厅关于实施《危险性较大的分部分项工程安全管理规定》有关问题的通知”（建办质〔2018〕31 号），其中对危大工程范围进行了明确规定，见表 5-1。

危险性较大的分部分项工程　　表 5-1

序号	危险性较大的分部分项工程范围		超过一定规模的危险性较大的分部分项工程范围
1	基坑工程	（1）开挖深度超过 3m（含 3m）的基坑（槽）的土方开挖、支护、降水工程 （2）开挖深度虽未超过 3m，但地质条件、周围环境和地下管线复杂，或影响毗邻建、构筑物安全的基坑（槽）的土方开挖、支护、降水工程	开挖深度超过 5m（含 5m）的基坑（槽）的土方开挖、支护、降水工程
2	模板工程及支撑体系	（1）各类工具式模板工程：包括滑模、爬模、飞模、隧道模等工程 （2）混凝土模板支撑工程 1）搭设高度 5m 及以上 2）搭设跨度 10m 及以上 3）施工总荷载 $10kN/m^2$ 及以上 4）集中线荷载 15kN/m 及以上 5）高度大于支撑水平投影宽度且相对独立无联系构件的混凝土模板支撑工程 （3）承重支撑体系：用于钢结构安装等满堂支撑体系	（1）各类工具式模板工程：包括滑模、爬模、飞模、隧道模工程 （2）混凝土模板支撑工程： 1）搭设高度 8m 及以上 2）搭设跨度 18m 及以上 3）施工总荷载 $15kN/m^2$ 及以上 4）集中线荷载 20kN/m 及以上 （3）承重支撑体系：用于钢结构安装等满堂支撑体系，承受单点集中荷载 7kN 及以上
3	起重吊装及起重机械安装拆卸工程	（1）采用非常规起重设备、方法，且单件起吊重量在 10kN 及以上的起重吊装工程 （2）采用起重机械进行安装的工程 （3）起重机械安装和拆卸工程	（1）采用非常规起重设备、方法，且单件起吊重量在 100kN 及以上的起重吊装工程 （2）起重量 300kN 及以上，或搭设总高度 200m 及以上，或搭设基础标高在 200m 及以上的起重机械安装和拆卸工程
4	脚手架工程	（1）搭设高度 24m 及以上的落地式钢管脚手架工程（包括采光井、电梯井脚手架） （2）附着式升降脚手架工程 （3）悬挑式脚手架工程 （4）高处作业吊篮 （5）卸料平台、操作平台工程 （6）异型脚手架工程	（1）搭设高度 50m 及以上落地式钢管脚手架工程 （2）提升高度在 150m 及以上的附着式升降脚手架工程或附着式升降操作平台工程 （3）分段架体搭设高度 20m 及以上的悬挑式脚手架工程

续表

序号	危险性较大的分部分项工程范围		超过一定规模的危险性较大的分部分项工程范围
5	拆除工程	可能影响行人、交通、电力设施、通讯设施或其它建、构筑物安全的拆除工程	（1）码头、桥梁、高架、烟囱、水塔或拆除中容易引起有毒有害气（液）体或粉尘扩散、易燃易爆事故发生的特殊建、构筑物的拆除工程 （2）文物保护建筑、优秀历史建筑或历史文化风貌区影响范围内的拆除工程
6	暗挖工程	采用矿山法、盾构法、顶管法施工的隧道、洞室工程	采用矿山法、盾构法、顶管法施工的隧道、洞室工程
7	其它	建筑幕墙安装工程 钢结构、网架和索膜结构安装工程 人工挖扩孔桩工程 水下作业工程 装配式建筑混凝土预制构件安装工程 采用新技术、新工艺、新材料、新设备可能影响工程施工安全，尚无国家、行业及地方技术标准的分部分项工程	施工高度50m及以上的建筑幕墙安装工程 跨度大于36m及以上的钢结构安装工程；跨度大于60m及以上的网架和索膜结构安装工程 开挖深度超过16m的人工挖孔桩工程 水下作业工程 重量1000kN及以上的大型结构整体顶升、平移、转体等施工工艺 采用新技术、新工艺、新材料、新设备可能影响工程施工安全，尚无国家、行业及地方技术标准的分部分项工程

5.2.3 专项施工方案编制

《危险性较大的分部分项工程安全管理规定》（住房和城乡建设部令第37号）规定：

第十条 施工单位应当在危大工程施工前组织工程技术人员编制专项施工方案。

实行施工总承包的，专项施工方案应当由施工总承包单位组织编制。危大工程实行分包的，专项施工方案可以由相关专业分包单位组织编制。

第十一条 专项施工方案应当由施工单位技术负责人审核签字、加盖单位公章，并由总监理工程师审查签字、加盖执业印章后方可实施。

危大工程实行分包并由分包单位编制专项施工方案的，专项施工方案应当由总承包单位技术负责人及分包单位技术负责人共同审核签字并加盖单位公章。

5.2.4 专项施工方案专家论证

第十二条 对于超过一定规模的危大工程，施工单位应当组织召开专家论证会对专项施工方案进行论证。实行施工总承包的，由施工总承包单位组织召开专家论证会。专家论证前专项施工方案应当通过施工单位审核和总监理工程师审查。

专家应当从地方人民政府住房城乡建设主管部门建立的专家库中选取，符合专业要求且人数不得少于5名。与本工程有利害关系的人员不得以专家身份参加专家论证会。

第十三条 专家论证会后，应当形成论证报告，对专项施工方案提出通过、修改后通过或者不通过的一致意见。专家对论证报告负责并签字确认。

专项施工方案经论证需修改后通过的，施工单位应当根据论证报告修改完善后，重新履行本规定第十一条的程序。

专项施工方案经论证不通过的，施工单位修改后应当按照本规定的要求重新组织专家论证。

5.2.5　现场安全管理

《危险性较大的分部分项工程安全管理规定》（住房和城乡建设部令第 37 号）规定:

第十四条　施工单位应当在施工现场显著位置公告危大工程名称、施工时间和具体责任人员，并在危险区域设置安全警示标志。

第十五条　专项施工方案实施前，编制人员或者项目技术负责人应当向施工现场管理人员进行方案交底。

施工现场管理人员应当向作业人员进行安全技术交底，并由双方和项目专职安全生产管理人员共同签字确认。

第十六条　施工单位应当严格按照专项施工方案组织施工，不得擅自修改专项施工方案。

因规划调整、设计变更等原因确需调整的，修改后的专项施工方案应当按照本规定重新审核和论证。涉及资金或者工期调整的，建设单位应当按照约定予以调整。

第十七条　施工单位应当对危大工程施工作业人员进行登记，项目负责人应当在施工现场履职。

项目专职安全生产管理人员应当对专项施工方案实施情况进行现场监督，对未按照专项施工方案施工的，应当要求立即整改，并及时报告项目负责人，项目负责人应当及时组织限期整改。

施工单位应当按照规定对危大工程进行施工监测和安全巡视，发现危及人身安全的紧急情况，应当立即组织作业人员撤离危险区域。

第十八条　监理单位应当结合危大工程专项施工方案编制监理实施细则，并对危大工程施工实施专项巡视检查。

第十九条　监理单位发现施工单位未按照专项施工方案施工的，应当要求其进行整改；情节严重的，应当要求其暂停施工，并及时报告建设单位。施工单位拒不整改或者不停止施工的，监理单位应当及时报告建设单位和工程所在地住房城乡建设主管部门。

第二十条　对于按照规定需要进行第三方监测的危大工程，建设单位应当委托具有相应勘察资质的单位进行监测。

监测单位应当编制监测方案。监测方案由监测单位技术负责人审核签字并加盖单位公章，报送监理单位后方可实施。

监测单位应当按照监测方案开展监测，及时向建设单位报送监测成果，并对监测成果负责；发现异常时，及时向建设、设计、施工、监理单位报告，建设单位应当立即组织相关单位采取处置措施。

第二十一条　对于按照规定需要验收的危大工程，施工单位、监理单位应当组织相关人员进行验收。验收合格的，经施工单位项目技术负责人及总监理工程师签字确认后，方可进入下一道工序。

危大工程验收合格后，施工单位应当在施工现场明显位置设置验收标识牌，公示验收时间及责任人员。

第二十二条　危大工程发生险情或者事故时，施工单位应当立即采取应急处置措施，并报告工程所在地住房城乡建设主管部门。建设、勘察、设计、监理等单位应当配合施工单位开展应急抢险工作。

第二十三条 危大工程应急抢险结束后，建设单位应当组织勘察、设计、施工、监理等单位制定工程恢复方案，并对应急抢险工作进行后评估。

5.3 危险源控制制度

5.3.1 法律法规要求

《安全生产法》第三十七条规定：生产经营单位对重大危险源应当登记建档，进行定期检测、评估、监控，并制定应急预案，告知从业人员和相关人员在紧急情况下应当采取的应急措施。生产经营单位应当按照国家有关规定将本单位重大危险源及有关安全措施、应急措施报有关地方人民政府安全生产监督管理部门和有关部门备案。

5.3.2 危险等级划分

根据发生生产安全事故可能产生的后果，《建筑施工安全技术统一规范》GB 50870—2013 将建筑施工危险等级划分为Ⅰ、Ⅱ、Ⅲ级；建筑施工安全技术量化分析中，建筑施工危险等级系数的取值应符合表 5-2 的规定。

危险等级系数的取值表 **表 5-2**

危险等级	事故后果	危险等级系数
Ⅰ	很严重	1.10
Ⅱ	严重	1.05
Ⅲ	不严重	1.00

在建筑施工过程中，应结合工程施工特点和所处环境，根据建筑施工危险等级实施分级管理，并应综合采用相应的安全技术。

5.3.3 危险源辨识方法

危险源辨识就是识别危险源的存在、根源、状态，并确定其特性的过程。危险源的辨识不仅包括对危险源的识别，也要对其性质判断。可依据危险源发生的概率、危害程度、影响范围将其分为一般危险源和重大危险源。

建筑施工企业必须根据工程对象的特点和条件充分识别各个施工阶段、部位和场所需控制的危险源。识别方法可采用现场交谈询问、经验判断、查阅事故案例、工作任务和工艺过程分析、安全检查表法等方法。

5.3.4 危险源辨识程序

（1）找出可能引发事故的材料、物品、设施设备、能源等物的不安全状态和人的不安全行为。

（2）查找可能引起事故的原因并进行分析。

（3）确定危险源。

（4）对危险源可能造成的伤害进行分析，确定是否属于“重大危险源”。

（5）对重大危险源进行危险性评价和事故严重度评价。

5.3.5 危险源监控

（1）列出危险源清单

施工企业应根据经营业务的类型编制施工作业流程，逐层分解作业活动情况，并分析辨识出可能存在的危险源，列出危险源清单。

（2）登记建档

建筑施工企业对施工现场重大危险源辨识后，要及时登记建档。重大危险源档案应包括：识别评价记录、重大危险源清单、分布区域与警示布置、监控记录、应急预案等。

（3）编制方案

施工项目部对存在重大危险源的分部分项工程应编制管理方案或专项施工方案，严格履行审批、论证、检验检测等相关手续。

（4）监督实施

施工项目部在对存在重大危险源的分部分项工程组织施工时，应按照经审核、批准的管理方案或专项施工方案组织实施。项目部应对重大危险源作业过程进行旁站式监督，对旁站监督过程中发现的事故隐患及时纠正，发现重大问题时应停止施工。

（5）公示告知

建筑施工企业应建立施工现场重大危险源公示制度，告知现场作业人员及相关方。公示牌应设置于醒目位置，内容应包括：危险性较大的工程的名称、部位、措施、施工期限、安全监控责任人和举报电话等。

（6）跟踪监控

建筑施工企业对登记建档的重大危险源应跟踪管理，定期进行检测、评估、监控。

（7）制定应急预案

建筑施工企业应根据本单位重大危险源的实际情况，在企业生产安全事故应急预案体系下制定并落实重大危险源事故应急预案管理。

（8）告知应急措施

建筑施工企业应当告知从业人员及相关方在紧急情况下应当采取的应急措施，并报有关地方人民政府安全生产监督管理部门和有关部门备案。

5.4 安全技术交底

5.4.1 法律法规要求

《建设工程安全生产管理条例》第二十七条规定：建设工程施工前，施工单位负责项目管理的技术人员应当对有关安全施工的技术要求向施工作业班组、作业人员作出详细说明，并由双方签字确认。

5.4.2 安全技术交底的作用

安全技术交底，是指交底方向被交底方对预防和控制生产安全事故发生及减少其危害的技术措施、施工方法等进行说明的技术活动。其作用在于：

（1）让一线作业人员了解和掌握该作业项目的安全技术操作规程和注意事项，减少因违章操作而导致事故的可能；

（2）安全管理人员在项目安全管理工作中的重要环节；

（3）安全管理内业的内容要求，同时做好安全技术交底也是安全管理人员自我保护的手段。

5.4.3 安全技术交底的程序和要求

安全技术交底应依据国家有关法律法规和有关标准、工程设计文件、施工组织设计和安全技术规划、专项施工方案和安全技术措施、安全技术管理文件等的要求进行。施工单位应建立分级、分层次的安全技术交底制度。

施工技术人员将工程项目、分部分项工程概况以及安全技术措施要求向参加施工的各类人员进行安全技术交底，使全体作业人员明白工程施工特点及各施工阶段安全施工的要求，掌握各自岗位职责和安全操作方法。安全技术交底的主要要求：

（1）安全技术交底应根据工程特点和要求分级、分层次进行：

1）专项施工项目及企业内部规定的重点施工工程开工前，企业的技术负责人应向参加施工的施工管理人员进行安全技术交底。

2）各分部分项工程、关键工序和专项方案实施前，项目技术负责人应当会同方案编制人员就方案的实施向施工管理人员进行技术交底，并提出方案中涉及的设施安装、验收的方法和标准。项目技术负责人和方案编制人员必须参加方案实施的验收和检查。

3）总承包单位向分包单位进行安全技术措施交底，分包单位工程项目的安全技术人员向作业班组进行安全技术措施交底。

4）施工管理人员及各工种管理人员应对新进场的工人实施作业人员工种交底。

5）作业班组应对作业人员进行班前交底。

（2）交底必须具体、明确、针对性强。交底要依据施工组织设计和安全施工方案以及分部分项工程施工给作业人员带来的潜在危险因素，就作业要求和施工中应注意的安全事项有针对性地进行交底。

（3）各工种的安全技术交底一般与分部分项安全技术交底同步进行。对I级、II级的分部分项工程、机械设备及设施安装拆卸等施工工艺复杂、施工难度较大或作业条件危险的，应当单独进行各工种的安全技术交底。

（4）对变更后经审核、批准的安全技术措施（方案），项目施工部在实施前应当由项目技术负责人重新进行技术交底。

（5）交接底应当采用书面形式。

（6）交接底双方在书面安全技术交底上签字确认。

（7）书面记录应在交底者、被交底者和安全管理者三方留存备查。

5.4.4　安全技术交底的主要内容

生产负责人在生产作业前对直接生产作业人员进行该作业安全操作规程和注意事项的培训，并通过书面文件方式予以确认。在建设项目中，分部（分项）工程在施工前，项目部应按批准的施工组织设计或专项安全技术措施方案，向有关人员进行安全技术交底。安全技术交底主要包括两个方面的内容：一是在施工方案的基础上按照施工的要求，对施工方案进行细化和补充；二是要将操作者的安全注意事项讲清楚，保证作业人员的人身安全。安全技术交底工作完毕后，所有参加交底的人员必须履行签字手续，施工负责人、生产班组、现场专职安全管理人员三方各留执一份，并记录存档。

（1）施工单位技术负责人向工程项目管理人员进行安全技术交底的内容：

1）工程概况、各项技术经济指标和要求。

2）主要施工方法，关键性的施工技术及实施中存在的问题。

3）特殊工程部位的技术处理细节及其注意事项。

4）新技术、新工艺、新材料、新结构的施工技术要求与实施方案及注意事项。

5）施工组织设计网络计划、进度要求、施工部署、施工机械、劳动力安排与组织。

6）总承包与分包单位之间互相协作配合关系及有关问题的处理。

7）施工质量标准和安全技术。

（2）项目技术负责人向项目技术及管理人员、班组长进行施工组织设计交底的内容：

1）工程情况和项目地形、地貌、工程地质及各项技术经济指标。

2）设计图纸的具体要求、做法及其施工难度。

3）施工组织设计或施工方案的具体要求及其实施步骤与方法。

4）施工中具体做法，采用的工艺标准和企业工法及关键部位实施过程中可能遇到的问题与解决方法。

5）施工进度的要求、工序的衔接、施工的部署与施工班组任务的确定。

6）施工中所采用的主要施工机械型号、数量及其进场时间、作业程序安排等有关问题。

7）新工艺、新结构、新材料的有关操作规程、技术规定及其注意事项。

8）施工质量标准和安全技术具体措施及其注意事项。

（3）各班组长向各工种工人进行安全技术交底的内容：

1）具体详尽地说明每一个作业班组负责施工的分部分项工程的具体技术要求和采用的施工工艺标准、企业内部工法。

2）各分部分项工程施工安全技术、质量标准。

3）现场安全检查和可能出现的安全隐患及预防措施、注意事项。

4）介绍以往同类工程的安全事故教训及其采取的具体安全对策。

各作业班组长除了在进入项目时向班组工人进行安全技术交底外，每天作业前要召开安全早会，应针对当天的作业任务、作业条件和作业环境，就作业要求和施工中应注意事项向具体作业人员进行提示、交底和要求，并将参加交底人员名单和交底内容记录在班组活动日志中。

（4）总承包单位项目技术负责人及项目工程技术人员应对分包单位（包括专业承包、

劳务分包）的进场进行安全总交底。

安全技术交底应由总承包单位、分包单位的项目负责人及安全负责人共同签字认可。交底必须有针对工程项目施工特点的安全技术交底内容。

项目技术负责人应在不同季节，根据项目施工不同阶段的安全技术要求进行季节性交底，包括冬期、雨期施工安全技术要求，现场住宿、食堂的安全规定等。

5.5 安全技术资料管理

5.5.1 安全技术资料管理的作用

施工现场安全管理资料，是指建设单位、监理单位、施工单位以及检测机构等工程参建各方在工程建设过程中为实现安全生产、文明施工所形成的工作信息资料，包括文字、图示、声音、影像等信息的纸质、电子资料。

施工现场安全资料的管理是工程项目施工管理的重要组成部分，是预防生产安全事故、加强文明施工管理的有效措施，其作用体现在以下几个方面：

（1）安全技术资料的产生是安全生产过程的产物和结晶，由于资料管理工作的科学化、标准化、规范化，可不断地推动现场施工安全管理向更高的层次和水平发展，使施工现场整体管理更加科学化、标准化、规范化。

（2）安全技术资料有序的管理，是建筑施工实行安全报监制度、贯彻安全监督、分段验收、综合评价全过程管理的重要内容之一。

（3）建立健全正规的资料专业管理，保证了施工现场安全技术资料的原始性和真实性。

（4）真实可靠的安全技术资料对指导今后的工作以及对领导工作的决策提供了依据。有序的安全生产可以减少不必要的时间浪费和费用损失，可进一步规范安全生产技术，提高劳动生产效率。

（5）资料的有效保存为施工过程中发生的伤亡事故处理，提供应有可靠的证据，为今后的事故预测、预防提供可依据的资料。

5.5.2 安全技术资料管理要求

（1）建设、监理、施工等单位以及有关的检测机构应履行各自的安全生产职责，对本工程安全管理资料负责，逐级建立健全施工现场安全资料管理岗位责任制，明确负责人，落实各岗位责任。

（2）建设、监理、施工等单位应建立安全管理资料的管理制度，规范安全管理资料的收集、整理、审核、组卷和归档等工作。工程项目管理人员应根据本岗位安全生产职责，建立、整理相应的安全管理资料，其资料应当保证时效性、真实性和完整性。由专（兼）职安全生产管理人员负责资料的收集、汇总、整理和归档。

（3）施工现场安全管理资料应与工程施工进度同步形成，并做到及时收集、整理、归档。

（4）安全管理纸质资料应为原件，相关证件不能为原件时，可为复印件，复印件应与原件核对无误，加盖原件所持有单位公章；电子资料应保证原始性、安全性和持续可读性，涉及电子签名文档的必须由本单位以授权书的形式认可。

（5）安全管理资料字迹、图像、声音、影像等信息应清晰有效，资料中的签字、盖章、日期等内容应齐全。

（6）施工现场安全管理资料应分类整理和组卷，由各参与单位项目经理部保存备查至工程竣工。

5.5.3 安全技术资料主要内容

（1）安全管理基本资料

1）工程概况、项目部管理人员名册、特种作业人员名册、分包单位登记表和资质审查表、总分包安全协议。

2）项目部安全生产组织机构及目标管理。

3）应急救援预案与事故调查处理。

（2）岗位责任制、管理制度、操作规程

1）施工管理人员安全生产岗位责任制。

2）施工安全生产管理制度（资金保障、现场带班、专项施工方案编审、技术交底等）。

3）施工现场各工种安全技术操作规程。

（3）安全防护用品（具）管理

1）安全防护用品（具）使用计划。

2）进场验收登记表，验收单，生产许可证、合格证，送检报告，发放记录，领用记录等。

（4）安全教育和安全活动记录

1）安全教育培训计划表，作业人员花名册，培训记录汇总表，培训情况登记表，日常教育记录等。

2）建筑工人业余学校管理台账。

3）项目部安全活动记录，安全会议记录，班组安全活动，安全讲评记录。

（5）专项施工方案及安全技术交底

1）专项施工方案（方案编审要求，危险性较大分部分项工程清单，方案报审表，总分包单位审批表，专家论证签到表，专家论证报告，专家论证审批表，专项施工方案）。

2）安全技术交底（编写要求，开工前交底表，分部分项工程交底表，交底记录汇总表，班组交底表，交底记录汇总表）。

（6）安全检查及隐患整改

1）相关部门安全检查记录及汇总表，项目部隐患整改记录，隐患排查记录表和汇总表，项目部安全检查记录表和汇总表，安全动态管理（日）检查表及隐患整改通知单。

2）违章处理登记表和安全奖罚记录汇总表。

（7）安全验收

1）安全验收记录汇总表。

2）临建设施（围挡、装配式活动板房）安全检查表、验收表。

3）分部分项工程（基坑、模板、脚手架等）验收表。

4）防护设施（临边、洞口、防护棚、攀登设施）验收表。

（8）建筑施工机械与临时用电

1）建筑施工起重机械管理（设备登记汇总表；安装拆卸告知单，安装拆卸专项方案报审及审批表；安装、使用验收检查资料，包括塔式起重机、施工升降机、物料提升机的基础验收、安装前检查、安装自检、检测报告、验收记录等；建筑施工起重机械运转及交接班记录、故障修理及验收记录，日常维护保养记录）。

2）建筑施工工具式脚手架管理。

3）建筑施工厂（场）内机动车辆及桩工机械管理。

4）建筑施工中、小型施工机具管理。

5）建筑施工现场临时用电管理。

（9）文明（绿色）施工

1）文明（绿色）施工组织管理（管理组织网络图、创建目标、实施方案、责任制、资金保障计划。

2）环境保护方案（扬尘、噪声、光污染、水污染、建筑垃圾控制，土壤、地下设施文物和资源保护，节材、节水、节能、节地措施）。

3）环境卫生管理（环境卫生管理方案编制、报审，场容场貌验收，现场卫生责任表、检查、评分表等）。

4）消防安全管理（消防管理制度，重点部位登记表，消防人员登记表，消防设施检查验收表等）。

5）平安创建（治安管理，外来人员登记，民工工资管理等）。

（10）工程交竣工安全评估报告

第6章　建筑施工企业设备和防护用品安全管理

6.1　法律法规要求

《安全生产法》第三十二条规定：生产经营单位应当在有较大危险因素的生产经营场所和有关设施、设备上，设置明显的安全警示标志。

第三十三条规定：安全设备的设计、制造、安装、使用、检测、维修、改造和报废，应当符合国家标准或者行业标准。

生产经营单位必须对安全设备进行经常性维护、保养，并定期检测，保证正常运转。维护、保养、检测应当作好记录，并由有关人员签字。

《建设工程安全生产管理条例》第三十四条规定：施工单位采购、租赁的安全防护用具、机械设备、施工机具及配件，应当具有生产（制造）许可证、产品合格证，并在进入施工现场前进行查验。

施工现场的安全防护用具、机械设备、施工机具及配件必须由专人管理，定期进行检查、维修和保养，建立相应的资料档案，并按照国家有关规定及时报废。

第三十五条规定：施工单位在使用施工起重机械和整体提升脚手架、模板等自升式架设设施前，应当组织有关单位进行验收，也可以委托具有相应资质的检验检测机构进行验收；使用承租的机械设备和施工机具及配件的，由施工总承包单位、分包单位、出租单位和安装单位共同进行验收。验收合格的方可使用。

《特种设备安全监察条例》规定的施工起重机械，在验收前应当经有相应资质的检验检测机构监督检验合格。

施工单位应当自施工起重机械和整体提升脚手架、模板等自升式架设设施验收合格之日起30日内，向建设行政主管部门或者其他有关部门登记。登记标志应当置于或者附着于该设备的显著位置。

6.2　机械设备安全管理

施工机械设备在建筑施工中的作用越来越突出，其产品质量、安全性能直接关系到施工生产安全。加强施工机械设备的安全管理，保证其使用的安全性能，能够更好地控制和减少机械设备事故，确保生产安全。

施工机械设备主要包括土方与筑路机械、建筑起重与升降机械设备、桩工机械、混凝土机械、钢筋加工机械、木工机械、装修机械、掘进机械，以及其他施工机械设备。

6.2.1　施工机械设备购置和租赁

施工单位采购、租赁的机械设备、施工机具及配件，应当具有生产（制造）许可证、产品合格证，并在进入施工现场前进行查验。

（1）严格审查生产制造许可证、产品合格证

1）对属于实行生产制造许可证或国家强制性认证的产品（如建筑起重机械），施工单位应当查验其生产制造许可证、产品合格证、检验合格报告、产品使用说明书。

2）对于不实行国家生产制造许可证或强制性认证的产品，应当查验其产品合格证、产品使用说明书和安装维修等技术资料。

3）对不符合国家或行业安全技术标准、规范的产品，不得购置、租赁和使用。

（2）有下列情形之一的，不得租赁和使用：

1）属国家明令淘汰或者禁止使用的。

2）超过安全技术标准或者制造厂家规定的使用年限的。

3）经检验达不到安全技术标准规定的。

4）没有完整安全技术档案的。

5）没有齐全有效的安全保护装置的。

6.2.2 施工机械设备安装和拆除

（1）机械设备经国家或省市有关部门核准的检验检测机构检验合格，并通过了国家或省市有关主管部门组织的产品技术鉴定。

（2）不得安装属于国家、省市明令淘汰或限制使用的机械设备。

（3）采购的二手机械设备，必须有国家或省市有关部门核准的机械检验检测单位出具的质量安全技术检测报告，并组织专业技术人员对机械设备技术性能和质量进行验收，符合安全使用条件，经安全负责人和技术负责人签字同意。

（4）各种施工机械设备应具备下列技术文件：

1）机械设备安装、拆卸及试验图示程序和详细说明书。

2）各安全保险装置及限位装置调试和说明书。

3）维修保养及运输说明书。

4）安全操作规程。

5）生产许可证（国家已经实行生产许可的起重机械设备）。

6）配件及配套工具目录。

7）其他注意事项。

（5）从事机械设备安装、拆除的单位，应依法取得建设行政主管部门颁发的相应等级的资质证书和安全资格证书后，方可在资质等级许可范围内从事机械设备安装、拆除活动。

（6）机械设备安装、拆除单位，应当依照机械设备安全技术规范及本规定的要求进行安装、拆除活动，机械设备安装单位对其安装的机械设备的安装质量负责。

（7）从事机械设备安装、拆除的作业人员及管理人员，应当经建设行政主管部门考核合格，取得国家统一格式的建筑机械设备作业人员岗位证书，方可从事相应的工作或管理工作。

6.2.3 施工机械设备使用管理

（1）必须设置专人对施工机械设备和施工机具进行管理。

（2）作业前，技术人员应向操作人员进行安全技术交底。

（3）操作人员应熟悉作业环境和施工条件，按规定穿戴劳动保护用品，听从指挥，遵守现场安全管理规定，严格按操作规程作业。

（4）实行多班作业的机械，应执行交接班制度，认真填写交接班记录；接班人员经检查确认无误后，方可进行工作。

（5）应为机械提供道路、水电、机棚及停机场地等必备的作业条件，并应消除各种安全隐患。夜间作业应设置充足的照明。

（6）无关人员不得进入作业区或操作室内。

（7）建立施工机械设备、施工机具及配件的定期检查和维修、保养制度。

（8）停用一个月以上或封存的机械，应认真做好停用或封存前的保养工作，并应采取预防风沙、雨淋、水泡、锈蚀等措施。

（9）建立施工机械设备和施工机具的资料管理档案。

6.2.4　施工机械设备日常检查和维修

（1）必须配备专人负责现场机械设备的安全管理工作。

（2）吊篮、登高车、起重设备等大型设备，生产单位或租赁单位，须配备持证专人驻守施工现场，配合项目安全主管对从事相关工作的相关工作人员进行安全技术交底和培训，做好每日施工前后的机械设备全面检查工作，并如实做好记录。

（3）日常检查过程中发现机械设备问题及时修复，确保功能正常方可使用，若发现重大问题无法修复时，必须及时向安全负责人和生产负责人汇报并停止使用。

（4）电焊机、卷扬机、电动葫芦、以及幕墙施工常用小型电动工具，必须由专业负责机械设备管理人员监督各施工班组做好班前检查工作，不得使用有故障或安全隐患的工具。

（5）施工现场机械设备以及小型电动工具，维修保养记录按月归档。

（6）当机械设备无法修复或无修理价值时，须报备进行报废处理。

6.2.5　施工机械设备报废

施工机械设备凡是属下列情况之一，应予报废：

（1）主要结构和部件损坏严重无法修复的，或修复费用过大，不经济的。

（2）因机械设备陈旧，技术性能低，无利用、改造价值的。

（3）因改建、扩建工程必须拆除，且无利用价值的。

（4）因能耗过大、配件消耗过大，继续使用得不偿失的。

（5）环境污染超过标准，且无法改造或改造又不经济的。

（6）国家明令淘汰的。

（7）使用年限已超过国家规定的使用年限或折旧年限的。

已报废的机械设备，不得继续使用，应予拆除清理。

6.3　劳动防护用品管理

正确使用劳动防护用品是保护职工安全、防止职业危害的必要措施。按照“谁用工，谁负责”的原则，建筑施工企业应依法为作业人员提供符合国家标准的、合格的劳动防护用品，并监督、指导正确使用。

《建筑施工作业劳动防护用品配备及使用标准》JGJ 184 规定：从事新建、改建、扩建和拆除等有关建筑活动的施工企业，应为从业人员配备相应的劳动防护用品，使其免遭或减轻事故伤害和职业危害。进入施工现场的事故人员和其他人员，应正确佩戴相应的劳动防护用品，以确保施工过程中的安全和健康。

建设部发布的《建筑施工人员个人劳动保护用品使用管理暂行规定》（建质 [2007]255 号）也对劳动防护用品的使用管理做出了规定，保障了施工作业人员安全与健康。

6.3.1 劳动防护用品的分类及配置

本文所指劳动防护用品为从事建筑施工作业的人员和进入施工现场的其他人员配备的个人防护装备。

劳动防护用品根据不同的分类方法，可分为很多种：

（1）按照防护用品性能：分为特种劳动防护用品、一般劳动防护用品。

（2）按照防护部位：分为头部防护用品、面部防护用品、视觉器官防护用品、听觉器官防护用品、呼吸器官防护用品、手部防护用品和足部防护用品等。

（3）按照防护用途：分为防尘用品、防毒用品、防酸碱用品、防油用品、防高温用品、防冲击用品、防坠落用品、防触电用品、防寒用品和防机械外伤用品等。

建筑施工现场使用的劳动防护用品主要包括：安全帽、安全带、安全网、绝缘手套、绝缘鞋、防护面具、救生衣、反光背心等，施工单位根据不同工种和劳动条件为作业人员配备。

6.3.2 劳动防护用品使用管理

（1）建筑施工企业应选定劳动防护用品的合格供应方。为作业人员配备的劳动防护用品必须符合国家的有关标准，应具备生产许可证、产品合格证等相关资料，经审查合格后方可使用。

（2）劳动防护用品的使用年限应按国家现行相关标准执行。劳动防护用品达到使用年限或报废标准的应由建筑施工企业统一收回报废，并应为作业人员配备新的劳动防护用品。劳动防护用品有定期检测要求的应按照其产品的检测周期进行检测。

（3）建筑施工企业应建立健全劳动防护用品购买、验收、保管、发放、使用、更换、报废管理制度。在劳动防护用品使用前，应对其防护功能进行必要的检查。

（4）建筑施工企业应教育从业人员按照劳动防护用品使用规定和防护要求，正确地使用劳动防护用品。

（5）建筑施工企业应严格执行国家有关法规和标准，使用合格的劳动防护用品。

（6）建筑施工企业应对危险性较大的施工作业场所及具有尘毒危害的作业环境设置安全警示标识及应使用的安全防护用品标识牌。

第7章　建筑施工企业安全生产资质资格管理

7.1　安全生产许可证

7.1.1　安全生产许可制度的产生

2004年1月，国务院颁布《安全生产许可证条例》(国务院令第397号)，对高危行业实行安全生产许可制度。安全生产许可制度要求企业必须具备规定的安全生产条件才能办理安全生产许可证。安全生产许可证颁发机关必须严格审核企业的安全生产条件，对符合安全生产条件的企业发证，不符合安全生产条件的不予发证。企业未取得安全生产许可证的，不得从事生产活动。

安全生产许可制度将安全生产条件前置，对安全生产实施动态监管，它的建立标志着安全生产管理理念的新变化。安全生产许可制度管理的核心内容为安全生产条件，建筑施工企业安全生产管理的实质就是不断提高和完善安全生产条件。

《安全生产许可证条例》第一次明确规定企业安全生产条件的内容为13项。国家建设行政主管部门针对建筑施工企业的行业管理特点和当时的形势制定了《建筑施工企业安全生产许可证管理规定》(建设部令第128号)，提出了12项安全生产条件。

(1)建立、健全安全生产责任制，制定完备的安全生产规章制度和操作规程。

(2)保证本单位安全生产条件所需资金的投入。

(3)设置安全生产管理机构，按照国家有关规定配备专职安全生产管理人员。

(4)主要负责人、项目负责人、专职安全生产管理人员经建设主管部门或者其他有关部门考核合格。

(5)特种作业人员经有关业务主管部门考核合格，取得特种作业操作资格证书。

(6)管理人员和作业人员每年至少进行一次安全生产教育培训并考核合格。

(7)依法参加工伤保险，依法为施工现场从事危险作业的人员办理意外伤害保险，为从业人员交纳保险费。

(8)施工现场的办公、生活区及作业场所和安全防护用具、机械设备、施工机具及配件符合有关安全生产法律、法规、标准和规程的要求。

(9)有职业危害防治措施，并为作业人员配备符合国家标准或者行业标准的安全防护用具和安全防护服装。

(10)有对危险性较大的分部分项工程及施工现场易发生重大事故的部位、环节的预防、监控措施和应急预案。

(11)有生产安全事故应急救援预案、应急救援组织或者应急救援人员，配备必要的应急救援器材、设备。

(12)法律、法规规定的其他条件。

7.1.2 安全生产许可证的申领与管理

（1）建筑施工企业从事建筑施工活动前，应当向省级以上建设主管部门申请领取安全生产许可证。建筑施工企业取得安全生产许可证，应当具备相应的安全生产条件。

（2）安全生产许可证的有效期为3年。安全生产许可证有效期满需要延期的，企业应当于期满前3个月向原安全生产许可证颁发管理机关申请办理延期手续。企业在安全生产许可证有效期内，严格遵守有关安全生产的法律法规，未发生死亡事故的，安全生产许可证有效期届满时，经原安全生产许可证颁发管理机关同意，不再审查，安全生产许可证有效期延期3年。

（3）建筑施工企业变更名称、地址、法定代表人等，应当在变更后10日内，到原安全生产许可证颁发管理机关办理安全生产许可证变更手续。

（4）建筑施工企业破产、倒闭、撤销的，应当将安全生产许可证交回原安全生产许可证颁发管理机关予以注销。

（5）建筑施工企业遗失安全生产许可证应当立即向原安全生产许可证颁发管理机关报告，并在公众媒体上声明作废后，方可申请补办。

7.1.3 安全生产许可证的动态监管

建筑施工企业取得安全生产许可证后，不能降低安全生产条件，并应当加强日常安全生产管理，接受建设主管部门的监督检查；不再具备安全生产条件的，应当暂扣或者吊销安全生产许可证。因此，为加强建筑施工企业安全生产许可证的动态监管，促进建筑施工企业保持和改善安全生产条件，控制和减少生产安全事故，住房和城乡建设部发布了《建筑施工企业安全生产许可证动态监管暂行办法》（建质[2008]121号），并针对建筑施工企业降低安全生产条件的不同情况，提出了相应的处罚标准：

（1）有下列情况之一的，将根据情节轻重依法给予暂扣安全生产许可证30日至60日的处罚：

1）在12个月内，同一企业同一项目被两次责令停止施工的。

2）在12个月内，同一企业在同一市、县内三个项目被责令停止施工的。

3）施工企业承建工程经责令停止施工后，整改仍达不到要求或拒不停工整改的。

（2）建筑施工企业发生生产安全事故的，将按下列标准给予处罚：

1）发生一般事故的，暂扣安全生产许可证30至60日。

2）发生较大事故的，暂扣安全生产许可证60至90日。

3）发生重大事故的，暂扣安全生产许可证90至120日。

（3）建筑施工企业在12个月内第二次发生生产安全事故的，将按下列标准给予处罚：

1）发生一般事故的，暂扣时限为在上一次暂扣时限的基础上再增加30日。

2）发生较大事故的，暂扣时限为在上一次暂扣时限的基础上再增加60日。

3）发生重大事故的，或按上述两条处罚暂扣时限超过120日的，吊销安全生产许可证。

（4）12个月内同一企业连续发生三次生产安全事故的，将吊销安全生产许可证。

（5）建筑施工企业瞒报、谎报、迟报或漏报事故的，在前暂扣时限的基础上，再处延长暂扣期 30 日至 60 日的处罚。暂扣时限超过 120 日的，将吊销安全生产许可证。

（6）建筑施工企业在安全生产许可证暂扣期内，拒不整改的，将吊销其安全生产许可证。

（7）建筑施工企业安全生产许可证被暂扣期间，企业在全国范围内不得承揽新的工程项目。发生问题或事故的工程项目停工整改，经工程所在地有关建设主管部门核查合格后方可继续施工。

（8）建筑施工企业安全生产许可证被吊销后，自吊销决定做出之日起一年内不得重新申请安全生产许可证。

（9）建筑施工企业安全生产许可证暂扣期满前 10 个工作日，需向颁发管理机关提出发还安全生产许可证申请。颁发管理机关接到申请后，应当对被暂扣企业安全生产条件进行复查，复查合格的，应当在暂扣期满时发还安全生产许可证；复查不合格的，增加暂扣期限直至吊销安全生产许可证。

7.2 特种作业人员职业资格管理

特种作业人员所从事的工作，在安全程度上较其他工作危险性更大，因此必须按照国家有关规定经过专门的安全作业培训，取得相应资格后方可上岗作业。

7.2.1 特种作业人员定义

建筑施工特种作业人员是指：在房屋建筑和市政工程施工活动中，从事可能对本人、他人及周围设备设施的安全造成重大危害作业的人员。

2008 年 4 月 18 日，住房和城乡建设部发布《建筑施工特种作业人员管理规定》（建质 [2008]75 号），确定建筑施工特种作业工种包括建筑电工、建筑架子工、建筑起重信号司索工、建筑起重机械司机、建筑起重机械安装拆卸工、高处作业吊篮安装拆卸工和经省级以上建设主管部门认定的其他特种作业。

7.2.2 特种作业人员的基本资格条件

住房和城乡建设部规定，从事建筑施工特种作业的人员，应当具备下列基本条件：

（1）年满 18 周岁且符合相关工种规定的年龄要求。

（2）经医院体检合格且无妨碍从事相应特种作业的疾病和生理缺陷。

（3）初中及以上学历。

（4）符合相应特种作业需要的其他条件。

7.2.3 特种作业人员考核与发证

（1）建筑施工特种作业人员必须经建设主管部门考核合格，取得建筑施工特种作业人员操作资格证书，方可上岗从事相应作业。

（2）建筑施工特种作业人员的考核发证工作，由省、自治区、直辖市人民政府建设主管部门或其委托的考核发证机构负责组织实施。

（3）建筑施工特种作业人员的考核内容应当包括安全技术理论和实际操作。

（4）资格证书应当采用国务院建设主管部门规定的统一样式，由考核发证机关编号后签发。资格证书在全国通用。

（5）资格证书有效期为2年。有效期满需要延期的，建筑施工特种作业人员应当于期满前3个月内向原考核发证机关申请办理延期复核手续。延期复核合格的，资格证书有效期延期2年。

7.2.4 特种作业人员主要职责

（1）持有资格证书的人员，应当受聘于建筑施工企业或者建筑起重机械出租单位，方可从事相应的特种作业。

（2）建筑施工特种作业人员应当严格按照安全技术标准、规范和规程进行作业，正确佩戴和使用安全防护用品，并按规定对作业工具和设备进行维护保养。

（3）在施工中发生危及人身安全的紧急情况时，建筑施工特种作业人员有权立即停止作业或者撤离作业现场，并向施工现场专职安全生产管理人员和项目负责人报告。

（4）建筑施工特种作业人员应当参加年度安全教育培训或者继续教育，每年不得少于24小时。

（5）拒绝违章指挥，并制止他人违章作业。

（6）法律法规及有关规定明确的其他职责。

7.2.5 特种作业人员管理

（1）与持有效资格证书的特种作业人员订立劳动合同。

（2）对于首次取得资格证书的人员，应当在其正式上岗前安排不少于3个月的实习操作。

（3）制定并落实本单位特种作业安全操作规程和有关安全管理制度。

（4）书面告知特种作业人员违章操作的危害。

（5）向特种作业人员提供齐全、合格的安全防护用品和安全的作业条件。

（6）按规定组织特种作业人员参加年度安全教育培训或者继续教育，培训时间不少于24小时。

（7）建立本单位特种作业人员管理档案。

（8）查处特种作业人员违章行为并记录在档。

（9）法律法规及有关规定明确的其他职责。

7.3 分包单位资质和人员资格管理

7.3.1 分包单位管理

分包方安全生产管理应包括分包（供）单位选择、施工过程管理、评价等工作内容。

（1）总承包单位应审查分包单位的资质条件、安全生产许可证和人员执业资格，检查分包单位安全生产管理机构建立和人员配备情况。不得将工程分包给不具备相应资质条件的单位。分包单位不得将其承包的工程再分包。

（2）总承包单位应与分包单位签订安全生产协议，或在分包合同中明确各自的安全生产方面的权利、义务。分包单位按照分包合同的约定对总承包单位负责。

（3）总承包单位应依据安全生产管理责任和目标，明确对分包（供）单位和人员的选择和清退标准、合同条款约定和履约过程控制的管理要求。

（4）总承包单位应对各分包单位的安全生产统一协调、管理，及时协调处理分包单位间存在的交叉作业等安全管理问题。

（5）总承包单位应定期对分包（供）单位检查和考核，主要内容包括：

1）分包（供）单位人员配置及履职情况。

2）分包（供）单位违约、违章记录。

3）分包（供）单位安全生产绩效。

（6）分包工程竣工后对分包（供）单位安全生产能力进行评价。

7.3.2　分包单位人员资格管理

（1）分包单位人员资格要求

1）分包单位项目经理、安全员须接受建设主管部门的安全培训、复训，考试合格取得安全生产考核合格证后，办理分包单位安全资格审查认可证后方可组织施工。

2）分包单位的项目技术负责人、施工员、质检员、机管员、材料员等管理人员须接受安全技术培训、参加总承包方组织的安全年审考核。

3）分包单位工人入场一律接受三级安全教育，考试合格并取得“安全生产考核证”后方准进入现场施工，如果分包单位的人员需要变动，必须提出计划报告总承包方，按规定进行教育、考核合格后方可上岗。

4）分包单位的特种作业人员的配置必须满足施工需要，并持有有效证件（原籍地、市级劳动部门颁发）和当地劳动部门核发的特种作业临时操作证，持证上岗。

5）分包单位工人变换施工现场或工种时，要进行转场和转换工种教育。

（2）现场文明施工及其人员行为的管理

1）分包单位必须遵守现场安全文明施工的各项管理规定，在设施投入、现场布置、人员管理等方面要符合总承包方的要求，按总承包方的规定执行，在施工过程中，对其全体员工的服饰、安全帽等进行统一管理。

2）分包单位应采取一切合理的措施，防止其劳务人员发生任何违法或妨碍治安的行为，保持安定局面并且保护工程周围人员和财产不受上述行为的危害，否则由此造成的一切损失和费用均由分包方自己负责。

3）分包单位应按照总包方要求建立全工地有关文明安全施工、消防保卫、环境保卫生、料具管理和环境保护等方面的各项管理规章制度，同时必须按照要求，采取有效的防扰民、防噪声、防空气污染、防道路遗撒和垃圾清运等措施。

4）分包单位必须严格执行保安制度、门卫管理制度，工人和管理人员要举止文明、行为规范、遵章守纪、对人有礼貌，切忌上班喝酒、寻衅闹事。

5）分包单位在施工现场应按照国家、地方政府及行业管理部门有关规定，配置相应数量的专职安全管理人员，专门负责施工现场安全生产的监督、检查以及因工伤亡事故处理工作，分包单位应赋予安全管理人员相应的权利，坚决贯彻“安全第一、预防为主、综合治理”的方针。

6）分包单位应严格执行国家的法律法规，采取适当的预防措施，以保证其劳务人员的安全、卫生、健康，在整个合同期间，自始至终在工人所在的施工现场和住所，配有医务人员、紧急抢救人员和设备，并且采取适当的措施以预防传染病，并提供应有的福利以及卫生条件。

7.4 安全生产保险

目前，涉及建筑施工安全的保险主要有工伤保险、意外伤害保险和安全生产责任保险等。

7.4.1 工伤保险

（1）概念及法律规定

工伤保险是社会保险制度的重要组成部分，是指国家和社会在生产、工作中遭受事故伤害和患职业性疾病的劳动者及亲属提供医疗救治、生活保障、经济补偿、医疗和职业康复等物质帮助的一种社会保障制度。工伤保险属于强制性保险，建筑施工企业与从业人员订立的劳动合同，应当载明有关保障从业人员劳动安全、防止职业危害的事项，并依法为从业人员办理工伤社会保险的事项，缴纳工伤保险。职工不缴纳工伤保险费。

《安全生产法》规定:“生产经营单位必须依法参加工伤保险，为从业人员缴纳保险费。”

2003年4月27日，国务院发布《工伤保险条例》，并于2010年12月20日予以修订，自2011年1月1日起施行。主要内容包括总则、工伤保险基金、工伤认定、劳动能力鉴定、工伤保险待遇、监督管理、法律责任等，保障了因工作遭受事故伤害或者患职业病的职工获得医疗救治和经济补偿，促进了工伤预防和职业康复。

《关于进一步做好建筑业工伤保险工作的意见》（人社部发[2014]103号）也对建筑施工企业工伤保险工作有所规定。

（2）工伤认定

1）工伤认定的申请

职工发生事故伤害或者被诊断、鉴定为职业病，所在单位应当自事故伤害发生之日或者被诊断、鉴定为职业病之日起30日内，向社会保险行政部门提出工伤认定申请。遇有特殊情况，经报社会保险行政部门同意，申请时限可以适当延长。

用人单位未按规定提出工伤认定申请的，工伤职工或者其近亲属、工会组织在事故伤害发生之日或者被诊断、鉴定为职业病之日起1年内，可以直接向用人单位所在地社会保险行政部门提出工伤认定申请。

由省级社会保险行政部门进行工伤认定的事项，根据属地原则由用人单位所在地的设区的市级社会保险行政部门办理。

2）工伤认定标准

①职工有下列情形之一的，应当认定为工伤:

A.在工作时间和工作场所内，因工作原因受到事故伤害的;

B.工作时间前后在工作场所内，从事与工作有关的预备性或者收尾性工作受到事故伤害的;

C. 在工作时间和工作场所内，因履行工作职责受到暴力等意外伤害的；

D. 患职业病的；

E. 因工外出期间，由于工作原因受到伤害或者发生事故下落不明的；

F. 在上下班途中，受到非本人主要责任的交通事故或者城市轨道交通、客运轮渡、火车事故伤害的；

G. 法律、行政法规规定应当认定为工伤的其他情形。

② 职工有下列情形之一的，视同工伤：

A. 在工作时间和工作岗位，突发疾病死亡或者在 48 小时之内经抢救无效死亡的；

B. 在抢险救灾等维护国家利益、公共利益活动中受到伤害的；

C. 职工原在军队服役，因战、因公负伤致残，已取得革命伤残军人证，到用人单位后旧伤复发的。

③ 有下列情形之一的，不得认定为工伤或者视同工伤：

A. 故意犯罪的；

B. 醉酒或者吸毒的；

C. 自残或者自杀的。

3）工伤认定时限

对于事实清楚、权利义务关系明确的工伤认定申请，社会保险行政部门应当自受理工伤认定申请之日起 15 日内做出工伤认定决定。

（3）工伤保险管理要求

1）建筑施工企业对相对固定的职工，应按用人单位参加工伤保险；对不能按用人单位参保、建筑项目使用的建筑业职工特别是农民工，按项目参加工伤保险。房屋建筑和市政基础设施工程实行以建设项目为单位参加工伤保险的，可在各项社会保险中优先办理参加工伤保险手续。建设单位在办理施工许可手续时，应当提交建设项目工伤保险参保证明，作为保证工程安全施工的具体措施之一；安全施工措施未落实的项目，各地住房城乡建设主管部门不予核发施工许可证。

2）建筑施工企业应依法与其职工签订劳动合同，加强施工现场劳务用工管理。施工总承包单位应当在工程项目施工期内督促专业承包单位、劳务分包单位建立职工花名册、考勤记录、工资发放表等台账，对项目施工期内全部施工人员实行动态实名制管理。施工人员发生工伤后，以劳动合同为基础确认劳动关系。对未签订劳动合同的，由人力资源社会保障部门参照工资支付凭证或记录、工作证、招工登记表、考勤记录及其他劳动者证言等证据，确认事实劳动关系。相关方面应积极提供有关证据；按规定应由用人单位负举证责任而用人单位不提供的，应当承担不利后果。

3）建设单位要在工程概算中将工伤保险费用单独列支，作为不可竞争费，不参与竞标，并在项目开工前由施工总承包单位一次性代缴本项目工伤保险费，覆盖项目使用的所有职工，包括专业承包单位、劳务分包单位使用的农民工。

4）未参加工伤保险的建设项目，职工发生工伤事故，依法由职工所在用人单位支付工伤保险待遇，施工总承包单位、建设单位承担连带责任；用人单位和承担连带责任的施工总承包单位、建设单位不支付的，由工伤保险基金先行支付，用人单位和承担连带责任的施工总承包单位、建设单位应当偿还；不偿还的，由社会保险经办机构依法追偿。

5）建设单位、施工总承包单位或具有用工主体资格的分包单位将工程（业务）发包给不具备用工主体资格的组织或个人，该组织或个人招用的劳动者发生工伤的，发包单位与不具备用工主体资格的组织或个人承担连带赔偿责任。

7.4.2 意外伤害保险

《建筑法》规定：“鼓励企业为从事危险作业的职工办理意外伤害保险，支付保险费。”

《建设部关于加强建筑意外伤害保险工作的指导意见》（建质 [2003]107 号）也对建筑意外伤害保险做出了相关规定：

（1）建筑意外伤害保险的支付和期限

施工单位为施工现场从事危险作业的人员办理意外伤害保险时，意外伤害保险费应当由施工单位支付。实行施工总承包的，由总承包单位支付。

保险期限应涵盖工程项目开工之日到工程竣工验收合格日。提前竣工的，保险责任自行终止。因延长工期的，应当办理保险顺延手续。

（2）建筑意外伤害保险的保险费和费率

保险费应当列入建筑安装工程费用，由施工企业支付，不得向职工摊派。

施工企业和保险公司双方应本着平等协商的原则，根据各类风险因素商定建筑意外伤害保险费率，提倡差别费率和浮动费率。差别费率可与工程规模、类型、工程项目风险程度和施工现场环境等因素挂钩；浮动费率可与施工企业安全生产业绩、安全生产管理状况等因素挂钩。

（3）建筑意外伤害保险的投保

建筑施工企业应在工程项目开工前办理完投保手续。鉴于工程建设项目施工工艺流程中各工种调动频繁，用工流动性大，投保应实行不计名和不计人数的方式。工程项目中有分包单位的由总承包施工企业统一办理，分包单位合理承担投保费用。业主直接发包的工程项目由承包企业直接办理。

7.4.3 安全生产责任保险

（1）概念及法律规定

安全生产责任保险是生产经营单位向保险机构缴纳保险费，以其在生产经营过程中因生产安全事故造成从业人员、第三者等受害人的人身伤亡或财产损失时依法应当承担的经济赔偿责任为保险标的，按照保险合同约定的赔偿责任进行赔偿的责任保险险种。

《国务院关于保险业改革发展的若干意见》（国发 [2006]23 号）首次提出采取市场运作、政策引导、政府推动、立法强制等方式，发展安全生产责任等保险业务。

《关于在高危行业推进安全生产责任保险的指导意见》（安监总政法 [2009]137 号）明确了安全生产准入保险范围主要是事故死亡人员和伤残人员的经济赔偿、事故应急救援和善后处理费用，原则上要求煤矿、非煤矿山、危险化学品、烟花爆竹、公共聚集场所等高危及重点行业推进安全生产责任保险。

《安全生产法》规定：“国家鼓励生产经营单位投保安全生产责任保险”。

（2）费率的确定与浮动

首次安全生产责任保险的费率可以根据本地区确定的保额标准和本地区、行业前 3 年生产安全事故死亡、伤残的平均人数进行科学测算。各地区、行业安全生产责任保险的费率根据上年安全生产状况实行一年浮动一次。具体费率执行标准及费率浮动办法由省级安全监管部门和煤矿安全监察机构会同有关保险机构共同研究制定。

（3）安全生产责任保险与风险抵押金的关系

安全生产风险抵押金是安全生产责任保险的一种初级形式，在推进安全生产责任保险时，要按照国务院国发 [2006]23 号文件要求继续完善这项制度。原则上企业可以在购买安全生产责任保险与缴纳风险抵押金中任选其一。已缴纳风险抵押金的企业可以在企业自愿的情况下，将风险抵押金转换成安全生产责任保险。未缴纳安全生产风险抵押金的企业，如果购买了安全生产责任保险，可不再缴纳安全生产风险抵押金。

（4）有关保险险种的调整与转换

安全生产责任保险与工伤社会保险是并行关系，是对工伤社会保险的必要补充。安全生产责任保险与意外伤害保险等其他险种是替代关系。生产经营单位已购买意外伤害保险等其他险种的，可以通过与保险公司协商，适时调整为安全生产责任保险，或到期自动终止，转投安全生产责任保险。

第8章　施工现场管理与文明施工

8.1　法律法规要求

建筑施工现场安全生产是文明施工的重要基础，只有加强施工现场的安全管理，才能真正实现文明施工。

（1）《建筑法》对施工现场安全生产作如下规定：

1）建筑施工企业应当在施工现场采取维护安全、防范危险、预防火灾等措施；有条件的，应当对施工现场实行封闭管理。

2）施工现场对毗邻的建筑物、构筑物和特殊作业环境可能造成损害的，建筑施工企业应当采取安全防护措施。

3）建筑施工企业应当遵守有关环境保护和安全生产的法律、法规的规定，采取控制和处理施工现场的各种粉尘、废气、废水、固体废物以及噪声、振动对环境的污染和危害的措施。

（2）《建设工程安全生产管理条例》对施工现场安全生产作如下规定：

1）施工单位应当在施工现场入口处、施工起重机械、临时用电设施、脚手架、出入通道口、楼梯口、电梯井口、孔洞口、桥梁口、隧道口、基坑边沿、爆破物及有害危险气体和液体存放处等危险部位，设置明显的安全警示标志。安全警示标志必须符合国家标准的规定。

2）施工单位应当根据不同施工阶段和周围环境及季节、气候的变化，在施工现场采取相应的安全施工措施。施工现场暂时停止施工的，施工单位应当做好现场防护，所需费用由责任方承担，或者按照合同约定执行。

3）施工单位应当将施工现场的办公、生活区与作业区分开设置，并保持安全距离；办公、生活区的选址应当符合安全性要求。职工的膳食、饮水、休息场所等应当符合卫生标准。施工单位不得在尚未竣工的建筑物内设置员工集体宿舍。

4）施工单位对因建设工程施工可能造成损害的毗邻建筑物、构筑物和地下管线等，应当采取专项防护措施。

5）施工单位应当遵守有关环境保护法律、法规的规定，在施工现场采取措施，防止或者减少粉尘、废气、废水、固体废物、噪声、振动和施工照明对人和环境的危害和污染。

6）在城市市区内的建设工程，施工单位应当对施工现场实行封闭围挡。

7）施工单位应当在施工现场建立消防安全责任制度，确定消防安全责任人，制定用火、用电、使用易燃易爆材料等各项消防安全管理制度和操作规程，设置消防通道、消防水源，配备消防设施和灭火器材，并在施工现场入口处设置明显标志。

8）作业人员进入新的岗位或者新的施工现场前，应当接受安全生产教育培训。未经教育培训或者教育培训考核不合格的人员，不得上岗作业。

9）施工单位在采用新技术、新工艺、新设备、新材料时，应当对作业人员进行相应的安全生产教育培训。

8.2 施工现场的平面布置与划分

施工现场的平面布置与划分是施工组织设计的重要组成部分，对规范施工现场管理、提高施工效率、提高文明施工水平至关重要。

8.2.1 施工总平面图编制的依据

（1）工程所在地区的原始资料，包括建设、勘察、设计以及规划等单位提供的有关资料；

（2）原有建筑物和拟建建筑工程的位置和尺寸；

（3）施工方案、施工进度和资源需要计划；

（4）全部施工设施建造方案；

（5）建设单位可提供的房屋和其他设施。

8.2.2 施工平面布置原则

（1）在保证施工顺利的条件下，尽可能减少临时设施搭设，尽可能利用施工现场附近原有建筑物作为施工临时设施；

（2）施工现场临时设施、临时道路的设置应科学合理，并应符合安全、消防、节能、环保等有关规定；

（3）临时设施的布置，应便于工人生产和生活，办公用房靠近施工现场，娱乐室、淋浴室等应在生活区范围内；

（4）满足施工要求，场内道路畅通，运输方便，各种材料能按计划分期分批进场，充分利用场地；

（5）材料、构配件堆放位置尽量靠近使用地点，减少二次搬运；

（6）现场布置紧凑有序，尽量节约施工用地。

8.2.3 施工总平面图表示的内容

（1）拟建建筑的位置，平面轮廓；

（2）施工机械设备的位置；

（3）塔式起重机轨道、运输路线及回转半径；

（4）施工运输道路、临时供水、排水管线；

（5）临时供电线路及变配电设施位置；

（6）施工临时设施位置；

（7）各作业区及物料堆放位置；

（8）绿化区域位置；

（9）施工现场外围道路及环境；

（10）围墙与施工大门位置；

（11）施工现场消防通道、消防设施的位置。

8.2.4 施工现场功能区域划分及设置

施工现场按照功能可划分为施工区、办公区和生活区等区域。

（1）施工区又分为施工作业区、辅助作业区、材料存放区；

（2）办公区一般包括办公室、资料室、会议室、档案室等；

（3）生活区是指工程建设作业人员集中居住、生活的场所，包括施工现场以内和施工现场以外独立设置的生活区。

场内设置的办公区、生活区应当与施工区划分清楚，并保持安全距离，且应采取相应的防护隔离措施，设置明显的指示标识，以免人员误入危险区域。办公、生活区应当设置在建筑物的坠落半径和塔式起重机等机械作业半径之外，并与用电线路之间保持安全距离；若设置在在建建筑物坠落半径之内，必须采取可靠的防护措施。功能区规划设置时还应考虑交通、水电、消防和卫生、环保等因素。

8.3 封闭管理与施工场地

施工现场的作业条件差，不安全因素多，容易对场内人员造成伤害。因此，必须在施工现场周围设置连续性围挡，实施封闭式管理，将施工现场与外界隔离，防止无关人员随意进入场地，既解决了“扰民”又防止了“民扰”，同时起到了保护环境、美化市容的作用。

8.3.1 封闭管理

（1）大门

1）施工现场应当有固定的出入口，出入口处应设置大门；

2）施工现场的大门应牢固美观，两侧应当设置门垛并与围挡连续，大门上方应有企业名称或企业标识；

3）出入口处应当设置门卫值班室，配备专职门卫，制定门卫管理制度及交接班记录制度；

4）施工现场的施工人员应当佩戴工作卡。

（2）围挡

1）围挡分类

施工现场的围挡按照安装位置及功能主要分为外围封闭性围挡和作业区域隔离围挡，常用的主要有砌体围挡、彩钢板围挡、工具式围挡等。

2）围挡的设置

① 材质：施工现场的围挡用材应坚固、稳定、整洁、美，封观闭性围挡宜选用砌体、金属材板等硬质材料，禁止使用竹笆或安全网；

② 高度：围挡的安装应符合规范要求，市区主要路段的工地围挡高度不低于2.5m，其他一般路段围挡不低于1.8m；

③ 使用：禁止在围挡内侧堆放泥土、砂石等散状材料，严禁将围挡做挡土墙使用。

（3）公示标牌

标牌是施工现场重要标志的一项内容，不仅内容应有针对性，标牌制作、挂设还应规范整齐、美观、字体工整，宜设置在施工现场进口处。

8.3.2 场地管理

（1）场地硬化

施工现场的场地应当清除障碍物，进行整平处理并采取硬化措施，使施工场地平整坚实，无坑洼和凹凸不平，雨期不积水，大风天不扬尘。有条件的可以做混凝土地面，无条件的可以采用石屑、焦渣、细石等方式硬化。

（2）场地绿化

施工现场应根据季节情况采取相应的绿化措施，达到美化环境和降低扬尘的效果。项目部应在大门口部位和施工现场适当采取花坛、草坪、喷泉、绿化美化的措施，让每个人从进入工地时就强化规范化施工、保护环境的意识。办公区域、生活区域必须进行植株绿化；场内闲置、裸露土地应优先采用草坪进行绿化。

（3）场内排水

施工现场应具有良好的排水系统，办公生活区、主干道路两侧、脚手架基础等部位应设置排水沟及沉淀池；现场废水不得直接排入市政污水管网和河流。

（4）场地清理

作业区及建筑物楼层内，要做到工完料净场地清；施工现场的垃圾应分类集中堆放，应采用容器或搭设专用封闭式垃圾道的方式清运。

（5）材料堆放

1）一般要求

① 建筑材料的堆放应当根据用量大小、使用时间长短、供应与运输情况确定，用量大、使用时间长、供应运输方便的，应当分期分批进场，以减少堆场和仓库面积；

② 施工现场各种工具、构件、材料的堆放必须按照总平面图规定的位置放置；

③ 位置应选择适当，便于运输和装卸，尽量减少二次搬运；

④ 地势较高、坚实、平坦，回填土应分层夯实，要有排水措施，符合安全、防火的要求；

⑤ 应当按照品种、规格分类堆放，并设明显标牌，标明名称、规格和产地等；

⑥ 各种材料物品必须堆放整齐；

⑦ 易燃、易爆物品应分类储藏在专用库房内，并应制定防火措施。

2）主要材料半成品的堆放

① 施工现场的材料应按照总平面布置图的布局分类存放并挂牌标明；

② 大型工具，应当一头见齐；

③ 钢筋应当堆放整齐，用方木垫起，不宜放在潮湿和暴露在外受雨水冲淋的场地；

④ 砖应丁码成方跺，不得超高，距沟槽坑边不小于 0.5m，防止坍塌；

⑤ 砂应堆成方，石子应当按不同粒径规格分别堆放成方；

⑥ 各种模板应当按规格分类堆放整齐，地面应平整坚实，叠放高度一般不宜超过

2m；大模板存放应放在经专门设计的存架上，应当采用两块大模板面对面存放，当存放在施工楼层上时，应当满足自稳角度并有可靠的防倾倒措施；

⑦ 混凝土构件堆放场地应坚实、平整，按规格、型号分类堆放，垫木位置要正确，多层构件的垫木要上下对齐，垛位不准超高；混凝土墙板宜设插放架，插放架要焊接或绑扎牢固，防止倒塌。

⑧ 木枋、模板堆码区必须设置灭火器、消防水桶等消防设施，严禁在木枋、模板堆场区附近进行动火作业。在雨期时，应对木枋、模板堆码区用彩条布覆盖保护。

（6）成品保护

1）混凝土楼面、柱、楼梯踏步的混凝土浇筑后应做好成品保护；

2）梁板混凝土浇筑前，应铺架板马道。

3）现场楼梯、柱子、墙（阳）角在施工过程中容易被破坏，应使用成品或自制护角进行成品保护。

4）地面贴砖后，应使用包装纸或塑料薄膜进行全部遮盖进行成品保护。

8.3.3 道路

（1）道路设置的原则

施工现场的道路应通畅，应当有循环干道，满足运输、消防要求；道路的布置要与现场的材料、构件、仓库等堆场以及塔式起重机位置相协调；施工现场主要道路应尽可能利用永久性道路，或先建好永久性道路的路基，在土建工程结束之前再铺路面。

（2）主干道设置

主干道必须做好硬化处理，硬化材料可以采用混凝土、预制块或用石屑、焦渣、细石等确保坚实平整，保证不沉陷，不扬尘，有效防止泥土带入市政道路；道路应当中间起拱，两侧设排水设施，如因条件限制，应当采取其他措施。

（3）道路指示

施工现场应在显著位置设置道路导向牌，指示各功能区域位置及道路走向。

（4）现场道路的分类

现场道路可分为以下四种：

1）混凝土硬化路面；2）钢板路面；3）装配式路面；4）铺砖路面。

8.4 临时设施

施工现场的临时设施主要是指施工期间暂设性使用的各种临时建筑物或构筑物。临时设施必须合理选址、正确用材，确保满足使用功能，达到安全、卫生、环保、消防的要求。

8.4.1 临时设施的种类

施工现场的临时设施较多，按照使用功能可分为：

（1）办公设施，包括办公室、会议室、资料室、门卫值班室；

（2）生活设施，包括宿舍、食堂、厕所、淋浴室、阅览室、娱乐室、卫生保健室；

（3）生产设施，包括材料仓库、防护棚、加工棚（如混凝土搅拌、砂浆搅拌、木材加工、钢筋加工、金属加工和机械维修厂站）、操作棚;

（4）辅助设施，包括道路、现场排水设施、围挡、大门、供水处、吸烟处。

按照结构类型可分为:

（1）活动式临时房屋，如钢骨架活动房屋、彩钢板房。

（2）固定式临时房屋，主要为砖木结构、砖石结构和砖混结构。

（3）临时房屋应优先选用钢骨架彩钢板房，生活、办公设施，不得选用菱苦土板房。

8.4.2 临时设施的结构设计

施工现场搭建临时设施应采用以概率理论为基础的极限状态设计方法，以分项系数设计表达式进行计算，绘制施工图纸并经企业技术负责人审批方可搭建。《施工现场临时建筑物技术规范》JGJ/T 188 规定，临时建筑的结构安全等级不应低于三级，结构重要性系数不应小于 0.9，临时建筑设计使用年限应为 5 年，临时建筑结构设计应满足抗震、抗风要求，并应进行地基和基础承载力计算。

8.4.3 临时设施的选址与布置原则

（1）办公生活临时设施的选址应考虑与作业区相隔离，保持安全距离，同时保证周边环境具有安全性;

（2）合理布局，协调紧凑，充分利用地形，节约用地;

（3）尽量利用建设单位在施工现场或附近能提供的现有房屋和设施;

（4）临时房屋应本着厉行节约的目的，充分利用当地材料，尽量采用活动式或容易拆装的房屋;

（5）临时房屋布置应方便生产和生活;

（6）临时房屋的布置应符合安全、消防和环境卫生要求;

（7）生活性临时房屋可布置在施工现场以外，若在场内，一般应布置在现场的四周或集中于一侧;

（8）行政管理的办公室等应靠近工地，或是在工地现场出入口;

（9）生产性临时设施应根据生产需要，全面分析比较后选择适当位置。

8.4.4 临时设施的搭设与使用管理

（1）办公室

施工现场应设置办公室，办公室内布局应合理，文件资料宜归类存放，并应保持室内清洁卫生，办公室内净高不应低于 2.5m，人均使用面积不宜小于 $4m^2$。

（2）会议室

施工现场应根据工程规模设置会议室，并应当设置在临时用房的首层，其使用面积不宜小于 $30m^2$。会议室内桌椅必须摆放整齐有序、干净卫生，并制定会议管理制度。

（3）职工夜校

施工现场应设置职工夜校，经常对职工进行各类教育培训，并应配置满足教学需求的各类物品，建立职工学习档案；制定职工夜校管理制度。

（4）职工宿舍

1）宿舍应当选择在通风、干燥的位置，防止雨水、污水流入；不得在尚未竣工建筑物内设置员工集体宿舍；

2）宿舍内应保证有必要的生活空间，室内净高不得小于2.5m，通道宽度不得小于0.9m，每间宿舍居住人员不应超过8人，人均使用面积不宜小于2.5m^2；

3）宿舍必须设置可开启式外窗，床铺不得超过2层，高于地面0.3m，间距不得小于0.5m，严禁使用通铺；

4）宿舍内应有防暑降温措施，宿舍应设生活用品专柜、鞋柜或鞋架、垃圾桶等生活设施；

5）宿舍周围应当搞好环境卫生，应设置垃圾桶；

6）生活区内应为作业人员提供晾晒衣物的场地；

7）房屋外应道路平整、硬化，晚间有良好的照明；

8）施工现场宜采用集中供暖，使用炉火取暖时应采取防止一氧化碳中毒的措施。彩钢板活动房严禁使用炉火或明火取暖；

9）宿舍临时用电宜使用安全电压，采用强电照明的宜使用限流器。生活区宜单独设置手机充电柜或充电房间；

10）制定宿舍管理制度，并安排专人管理，床头宜设置姓名卡。

（5）食堂

1）食堂应当选择在通风、干燥、清洁、平整的位置，防止雨水、污水流入，应当保持环境卫生，距离厕所、垃圾站、有毒有害场所等污染源不宜小于15m，且不应设在污染源的下风侧，装修材料必须符合环保、消防要求；

2）食堂应设置独立的制作间、储藏间；门扇下方应设不低于0.2m的防鼠挡板。制作间灶台及周边应采取宜清洁、耐擦洗措施，墙面处理高度大于1.5m，地面应做硬化和防滑处理，并保持墙面、地面整洁；

3）食堂应配备必要的排风设施和冷藏设施；宜设置通风天窗和油烟净化装置，油烟净化装置应定期清理；

4）食堂宜使用电炊具。使用燃气的食堂，燃气罐应单独设置存放间并应加装燃气报警装置，存放间应通风良好并严禁存放其他物品；供气单位资质应齐全，气源应有可追溯性；

5）食堂制作间的炊具宜存放在封闭的橱柜内，刀、盆、案板等炊具必须生熟分开；

6）食堂制作间、锅炉房、可燃材料库房及易燃爆易危险品库房等应采用单层建筑，应与宿舍和办公用房分别设置，并应按相关规定保持安全距离；

7）临时用房内设置的食堂、库房应设在首层；

8）食堂外应设置密闭式泔水桶，并应及时清运，保持清洁。

9）施工现场设置的食堂，用餐人数在100人以上的，应设置有效的隔油池，加强管理，专人负责定期清理。

（6）厕所

1）厕所大小应根据施工现场作业人员的数量设置，按照男厕所1：50、女厕所1：25的比例设置蹲便器，蹲便器间距不小于0.9m，并且应在男厕每50人设置1m长小便槽；

2）高层建筑施工超过 8 层以后，每隔四层宜设置临时厕所；

3）施工现场应设置水冲式或移动式厕所，厕所地面应硬化，门窗齐全并通风良好；

4）厕位宜设置隔板，隔板高度不宜低于 0.9m；

5）厕所应设专人负责，定时进行清扫、冲刷、消，毒防止蚊蝇滋生，化粪池应及时清掏。

（7）盥洗室

1）在宿舍及食堂旁设置盥洗室。

2）地面应做防滑处理，室外盥洗池应设置防雨棚。

3）水槽贴砖或采用不锈钢洗手池，水龙头排成一条直线。

4）盥洗室设有电热锅炉，设有洗漱区导向牌、节约用水等标语。

5）定期对水龙头和排水口进行检查。

6）污水排放畅通，保持水槽清洁。

（8）淋浴室

1）淋浴室内应设置储衣柜或挂衣架，室内使用安全电压，设置防水防爆灯具；

2）淋浴间内应设置满足需要的淋浴器，淋浴器与员工的比例宜为 1 ∶ 20，间距不小于 1m；

3）应设专人管理，并有良好的通风换气措施，定期打扫卫生。

（9）防护棚

施工现场的防护棚较多，如加工站厂棚、机械操作棚、通道防护棚等。

大型站厂棚可用砖混、砖木结构，应当进行结构计算，保证结构安全。小型防护棚一般可用钢管、扣件、脚手架材料搭设，并应当严格按照《建筑施工扣件式钢管脚手架安全技术规范》JGJ 130 要求搭设。防护棚顶应当满足承重、防雨要求。在施工坠落半径之内的，棚顶应当具有抗冲击能力，可采用多层结构。最上层材料强度应能承受 10kPa 的均布静荷载，也可采用 50mm 厚木板双层架设，间距应不小于 600mm。

（10）搅拌站

1）搅拌站应有后上料场地，应当综合考虑砂石堆场、水泥库的设置位置，既要相互靠近，又要便于材料的运输和装卸；

2）搅拌站应当尽可能设置在垂直运输机械附近，在塔式起重机吊运半径内，尽可能减少混凝土、砂浆水平运输距离；采用塔式起重机吊运时，应当留有起吊空间，使吊斗能方便地从出料口直接挂钩起吊和放下；采用小车、翻斗车运输时，应当设置在施工道路附近，以方便运输；

3）搅拌站场地四周应当设置沉淀池、排水沟，避免清洗机械时，造成场地积水；清洗机械用水应沉淀后循环使用，节约用水；避免将未沉淀的污水直接排入城市排水设施和河流；

4）搅拌站应当搭设搅拌棚，挂设搅拌安全操作规程和相应的警示标志、混凝土配合比牌；

5）搅拌站应当采取封闭措施，以减少扬尘的产生，冬期施工还应考虑保温、供热等。

（11）仓库

1）仓库的面积应根据在建工程的实际情况和施工阶段的需要计算确定;

2）水泥仓库应当选择地势较高、排水方便、靠近搅拌站的地方;

3）仓库内工具、器件、物品应分类放置，设置标牌，标明规格、型号;

4）易燃易爆物品仓库的布置应当符合防火、防爆安全距离要求，并建立严格的进出库制度，设专人管理。

8.5 安全标志

施工现场应当根据工程特点及施工的不同阶段，在容易发生事故或危险性较大的作业场所，有针对性的设置、悬挂安全标志。

8.5.1 安全标志的定义与分类

根据《安全标志及其使用导则》GB 2894 规定，安全标志是用于表达特定信息的标志，由图形符号、安全色、几何图形（边框）或文字组成。包括提醒人们注意的各种标牌、文字、符号以及灯光等，以此表达特定的安全信息。其目的是引起人们对不安全因素的注意，防止发生事故。安全标志主要包括安全色和安全标志牌等。

（1）安全色

根据《安全色》GB 2893 规定，安全色是表达安全信息含义的颜色，安全色分为红、黄、蓝、绿四种颜色，分别表示禁止、警告、指令和提示;

（2）安全标志

安全标志分禁止标志、警告标志、指令标志和提示标志。

安全标志的图形、尺寸、颜色、文字说明和制作材料等，均应符合国家标准规定。一般来说，安全标志应当明显，便于作业人员识别。如果是灯光标志，要求明亮显眼；如果是文字图形标志，则要求明确易懂。

1）禁止标志

禁止标志是禁止人们不安全行为的图形标志。

禁止标志的基本形式是带斜杠的圆边框，框内为白底黑色图案，并在正下方用文字补充说明禁止的行为模式。

2）警告标志

警告标志是提醒人们对周围环境或活动引起注意，以避免可能发生危险的图形标志。

几何图形为黄底黑色图形加三角形黑边的图案，并在正下方补充说明当心的行为模式。

3）指令标志

指令标志是强制人们必须做出某种动作或采用防范措施的图形标志。

几何图形为蓝底白色图形的圆形图案，并在正下方用文字补充说明必须执行的行为模式。

4）提示标志

提示标志是向人们提供某种信息（如标明安全设施或场所等）的图形标志。

几何图形为长方形、绿底（防火为红底）白线条加文字说明，如“安全通道”、“灭火器”、“火警电话”等。

8.5.2　安全标志平面布置图

施工单位应当根据工程项目的规模、施工现场的环境、工程结构形式以及设备、机具的位置等情况，确定危险部位，有针对性地设置安全标志。施工现场应绘制安全标志布置总平面图，根据不同阶段的施工特点，组织人员有针对性地进行设置、悬挂和增减。

安全标志布置总平面图，是重要的安全工作内业资料之一，当使用一张图不能完全表明时可以分层表明或分层绘制。安全标志布置总平面图应由绘制人员签名，项目负责人审批。

8.5.3　安全标志的设置与悬挂

按照规定，施工现场应当根据工程特点及施工阶段，有针对性地在施工现场的危险部位和有关设备、设施上设置明显的安全警示标志，提醒、警示进入施工现场的管理人员、作业人员和有关人员，时刻认识到所处环境的危险性，随时保持清醒和警惕，避免事故发生。

（1）安全标志的设置位置与方式

1）高度

安全标志牌的设置高度应与人眼的高度一致，“禁止烟火”、“当心坠物”等环境标志牌下边缘距离地面高度不能小于 2m；“禁止乘人”、“当心伤手”、“禁止合闸”等局部信息标志牌的设置高度应视具体情况确定。

2）角度

标志牌的平面与视线夹角应接近 90°，观察者位于最大观察距离时，最小夹角不小于 75°。

3）位置

标志牌应设在与安全有关的醒目和明亮地方，并使大家看见后，有足够的时间来注意它所表示的内容。环境信息标志宜设在有关场所的入口处和醒目处；局部信息标志应设在所涉及的相应危险地点或设备（部件）附近的醒目处。标志牌一般不宜设置在可移动的物体上，以免这些物体位置移动后，看不见安全标志。标志牌前不得放置妨碍认读的障碍物。

4）顺序

必须同时设置不同类型多个标志牌时，应当按照警告、禁止、指令、提示的顺序，先左后右、先上后下的排列设置。

5）固定

建筑施工现场设置的安全标志牌的固定方式主要为附着式、悬挂式两种。在其他场所也可采用柱式。悬挂式和附着式的固定应稳固、不倾斜，柱式的标志牌和支架应牢固地联接在一起。

（2）危险部位安全标志的设置

根据国家有关规定，施工现场入口处、施工起重机械、临时用电设施、脚手架、出入通道口、楼梯口、电梯井口、孔洞口、桥梁口、隧道口、基坑边沿、爆破物及有害危险气体和液体存放处等属于危险部位，应当设置明显的安全标志。安全标志的类型、数量应当根据危险部位的性质，设置相应的安全警示标志。如在爆破物及有害危险气体和液体存放处设置“禁止烟火”、“禁止吸烟”等禁止标志；在施工机具旁设置“当心触电”、“当心伤手”等警告标志，在施工现场入口处设置“必须佩戴安全帽”等指令标志；在通道口处设置“安全通道”等指示标志。

在施工现场还应根据需要设置“荷载限值”、“距离限值”等安全标识。如应根据卸料平台承载力计算结果，在平台内侧设置“荷载限值”标识；外电线路防护时，设置符合规范要求的“距离限值”标识等。在施工现场的沟、坎、深基坑等处，夜间要设红灯示警。

（3）安全标志登记

安全标志设置后应当进行统计记录，并填写施工现场安全标志登记表。

8.6 卫生与防疫

8.6.1 卫生保健

（1）施工现场宜设置卫生保健室，配备保健医药箱、常用药及绷带、止血带、颈托、担架等急救器材。

（2）施工现场宜配备兼职或专职急救人员，处理伤员和负责职工保健，对生活卫生进行监督和定期检查食堂、饮食等卫生情况。

（3）施工现场应利用黑板报、宣传栏等形式向职工介绍卫生防疫的知识和方法，针对季节性流行病、传染病等做好对职工卫生防病的宣传教育工作。

（4）当施工现场人员发生法定传染病、食物中毒、急性职业中毒时，必须在2h内向事故发生地建设主管部门和卫生防疫部门报告，并应积极配合调查处理。

（5）现场施工人员患有法定的传染病或病源携带者时，应及时进行隔离，并由卫生防疫部门进行处置。

（6）根据2012年国家安监总局等四部门联合印发的《防暑降温措施管理办法》，施工单位在下列高温天气期间，应当合理安排工作时间，减轻劳动强度，采取有效措施，保障劳动者身体健康和生命安全：

1）日最高气温达到40℃以上，应当停止当日室外露天作业；

2）日最高气温达到37℃以上、40℃以下时，用人单位全天安排劳动者室外露天作业时间累计不得超过6h，连续作业时间不得超过国家规定，且在气温最高时段3小时内不得安排室外露天作业；

3）日最高气温达到35℃以上、37℃以下时，用人单位应当采取换班轮休等方式，缩短劳动者连续作业时间，并且不得安排室外露天作业劳动者加班。

8.6.2 现场保洁

（1）办公生活区应设专职或兼职保洁员，负责卫生清扫和保洁。

（2）办公生活区应采取灭鼠、蚊、蝇、蟑螂等措施，并定期投放和喷洒药物。

8.6.3 食堂卫生

（1）食堂应取得相关部门颁发的许可证，制定食堂卫生制度，认真落实《食品安全法》及其实施条例的具体要求。

（2）炊事人员必须体检合格并持证上岗，上岗应穿戴洁净的工作服、工作帽和口罩，并保持个人卫生。

（3）非炊事人员不得随意进入食堂制作间。

（4）食堂的炊具、餐具和饮水器皿必须及时清洗消毒。

（5）食堂应设置油烟净化装置，并定期维护保养。并设置隔油池。

（6）施工现场应加强食品、原料的进货管理，做好进货登记，严禁购买无照、无证商贩经营的食品和原料，施工现场的食堂严禁出售变质食品。

（7）建筑工地食堂要根据食品安全事故处理的有关规定，制定食品安全事故应急预案，提高防控食品安全事故的能力和水平。

8.6.4 饮水卫生

（1）施工现场饮水可采用市政水源或自备水源。

（2）生活饮用水池（箱）应与其他用水的水池（箱）分开，且应有明显的标识。

（3）生活饮用水池（箱）应采用独立的结构形式，不宜埋地设置，并应采取防污染措施。

（4）生活区应设置开水炉、电热水器或保温水桶，施工区应配备流动保温水桶。开水炉、电热水器、保温水桶应上锁由专人负责管理。

8.7 职业健康

职业健康是研究并预防因工作导致的疾病，防止原有疾病的恶化。职业健康研究以职工的健康在职业活动过程中免受有害因素侵害为目的，包括劳动环境对劳动者健康的影响以及防止职业性危害的对策。

《建筑行业职业病危害预防控制规范》GBZ/T 211、《用人单位职业健康监护监督管理办法》和《职业病分类和目录》等规定了与建筑业有关的职业病危害工种、危害因素以及危害预防控制的基本要求、防护措施和应急救援等。

8.7.1 建筑行业职业病危害工种

根据《职业病分类和目录》，与建筑业有关的职业病主要包括职业中毒、职业尘肺、物理因素职业病、职业性皮肤病、职业性眼病、职业性耳鼻喉口腔疾病、职业性肿瘤以及其他职业病等内容。

8.7.2 职业病危害防控措施

工程项目部应根据施工现场职业病危害的特点，采取以下职业病危害防护措施：

（1）选择不产生或少产生职业病危害的建筑材料、施工设备和施工工艺。

（2）配备有效的职业病危害防护设施，使工作场所职业病危害因素的浓度（或强度）符合《工作场所有害因素职业接触限值第1部分：化学有害因素》（GBZ 2.1）和《工作场所有害因素职业接触限值第2部分：物理因素》（GBZ 2.2）等标准要求。

（3）职业病防护设施应进行经常性的维护、检修，确保其处于正常状态。

（4）配备有效的个人防护用品。个人防护用品必须保证选型正确，维护得当。建立、健全个人防护用品的采购、验收、保管、发放、使用、更换、报废等管理制度，并建立发放台账。

（5）制定合理的劳动制度，加强施工过程职业卫生管理和教育培训。

（6）可能产生急性健康损害的施工现场设置检测报警装置、警示标志、紧急撤离通道和泄险区域等。

8.7.3 职业健康监护

职业健康监护是职业危害防治的一项主要内容。通过健康监护起到保护员工健康、提高员工健康素质的作用，也便于早期发现疑似职业病病人，使其在早期得到治疗。职业健康监护工作必须有专职人员负责，并建立健全职业健康监护档案。职业健康监护档案包括劳动者的职业史、职业危害接触史、职业健康检查结果和职业病诊疗等有关个人健康资料。

职业健康监护的主要管理工作内容包括：

（1）按职业卫生有关法规标准的规定组织接触职业危害的作业人员进行上岗前职业健康体检；

（2）按规定组织接触职业危害的作业人员进行在岗期间职业健康体检；

（3）按规定组织接触职业危害的作业人员进行离岗职业健康体检；

（4）禁止有职业禁忌症的劳动者从事其所禁忌的职业活动；

（5）调离并妥善安置有职业健康损害的作业人员；

（6）未进行离岗职业健康体检，不得解除或者终止劳动合同；

（7）职业健康监护档案应符合要求，并妥善保管；

（8）无偿为劳动者提供职业健康监护档案复印件。

8.7.4 职业病应急救援

针对施工现场可能出现的突发性职业病，应有如下应急救援措施：

（1）工程项目部应建立应急救援机构或组织。

（2）工程项目部应根据不同施工阶段可能发生的各种职业病危害事故制定相应的应急救援预案，并定期组织演练，及时修订应急救援预案。

（3）按照应急救援预案要求，合理配备快速检测设备、急救药品、通信工具、交通工具、照明装置、个人防护用品等应急救援装备。

（4）可能突然泄漏大量有毒化学品或者易造成急性中毒的施工现场，应设置自动检测报警装置、事故通风设施、冲洗设备（沐浴器、洗眼器和洗手池）、应急撤离通道和必要的泄险区。除为劳动者配备常规个人防护用品外，还应在施工现场醒目位置放置必需的防毒用具，以备逃生、抢救时应急使用，并设有专人管理和维护，保证其处于良好待用状态。应急撤离通道应保持通畅。

（5）施工现场应配备受过专业训练的急救员，配备急救箱、担架、毯子和其他急救用品，急救箱内应有明确的使用说明，并由受过急救培训的人员进行、定期检查和更换。超过200人的施工工地应配备急救室。

（6）根据施工现场可能发生的职业病危害事故，对全体劳动者进行有针对性的应急救援培训。使劳动者掌握事故预防和自救互救等应急处理能力，避免盲目救治。

（7）应与就近医疗机构建立合作关系，以便发生急性职业病危害事故时能够及时获得医疗救援援助。

第9章　建筑施工安全技术

9.1　基坑工程安全技术

9.1.1　基坑工程定义

基坑是指为进行建（构）筑物等地下部分施工由地面向下开挖出的空间。基坑工程指的是为保证基坑施工、主体地下结构的安全和周围环境不受损害而采取的支护、地下水与地表水控制、土方开挖与回填等措施，包括勘察、设计、施工、监测、检测等相关的工作内容。基坑与基坑工程的区别在于，基坑是一个地面以下的操作空间，而基坑工程是为了这个空间的安全和周边环境的安全所采取的一系列措施。

基坑支护工程应具有以下主要功能：一是为地下工程施工提供安全的施工空间；二是为地下工程施工提供干燥的施工空间；三是为地下工程施工提供合适的施工空间。

《住房城乡建设部办公厅关于实施〈危险性较大的分部分项工程安全管理规定〉有关问题的通知》（建办质（2018）31号）规定：以下两类基坑工程属于危险性较大的分部分项工程范围：（1）开挖深度超过3m（含3m）的基坑（槽）的土方开挖、支护、降水工程；（2）开挖深度虽未超过3m，但地质条件、周围环境和地下管线复杂，或影响毗邻建、构筑物安全的基坑（槽）的土方开挖、支护、降水工程。开挖深度超过5m（含5m）的基坑（槽）的土方开挖、支护、降水工程等深基坑工程属于超过一定规模的危险性较大的分部分项工程范围。

9.1.2　基坑工程从业企业资质管理

1. 设计单位从业资质

根据基坑工程设计安全等级，基坑设计单位从业资质可按表9-1内容执行。

基坑设计单位从业资质及从业涉及范围　　表9-1

基坑设计单位从业资质	从业涉及范围
工程勘察综合类甲级	所有设计安全等级的基坑工程
工程勘察专业类岩土工程甲级	所有设计安全等级的基坑工程
工程勘察专业类岩土工程（设计）甲级	所有设计安全等级的基坑工程
工程勘察专业类岩土工程乙级	设计安全等级为三级的基坑工程
工程勘察专业类岩土工程（设计）乙级	设计安全等级为三级的基坑工程
其他勘察资质证书	无

2. 施工单位从业资质

《建筑业企业资质标准》（建市 [2014]159 号）规定取得施工总承包资质的企业可以对所承接的施工总承包工程内各专业工程全部自行施工，领取了施工许可证的施工总承包单位可以自行施工总承包合同上的所有专业工程内容，不再需要额外的资质。

地基基础工程专业承包资质设一级、二级和三级；一级最高。具体各等级地基基础工程专业承包资质业务范围是：一级资质，不限；二级资质，开挖深度 15m 以下；三级资质，开挖深度 12m 以下。

3. 监测单位从业资质

基坑工程施工前，建设单位应委托具备相应资质的第三方对基坑工程实施现场监测。基坑监测单位从业资质及从业监测范围见表 9-2。

基坑监测单位从业资质及监测范围　　表 9-2

基坑监测单位从业资质	基坑工程监测范围
工程勘察综合类甲级	所有设计安全等级的基坑工程
工程勘察专业类岩土工程甲级	所有设计安全等级的基坑工程
工程勘察专业类岩土工程（物探测试检测监测）甲级	所有设计安全等级的基坑工程
工程勘察专业类岩土工程乙级	设计安全等级为二级和三级的基坑工程
工程勘察专业类岩土工程（物探测试检测监测）乙级	设计安全等级为二级和三级的基坑工程
其他勘察资质证书	无

9.1.3 基坑工程前期安全管理

基坑工程的前期安全管理是指工程施工前安全管理的准备工作，前期工作的优劣直接关系施工过程的安全。前期工作涉及建设单位、勘察设计单位和与建设工程周边相关的企事业单位，建设单位是前期工作的主导单位。

建设单位在基坑工程勘察前，应当对基坑开挖影响范围内的相邻建（构）筑物、道路、地下管线等设施和隐蔽工程（以下简称“相邻设施”）的现状和相邻工程的施工情况进行调查，并且应当将调查资料及时提供给勘察、设计、施工、监理、监测单位。鉴于基坑工程的设计单位可能与主体结构工一程的设计单位不是同一单位，建设单位要做好基坑工程的勘察单位、设计单位和主体结构工程设计单位之间的协调和沟通工作。在基坑工程开工前，建设单位应当会同设计、施工、监理、监测单位以及基坑开挖影响范围内的市政公用、供电、通信等设施管理单位，商讨设计、施工方案以及施工可能对周围环境产生的影响等情况。基坑工程施工可能对相邻设施造成影响的，建设单位应当会同相邻设施的管理单位做好安全现状记录，或者共同委托具有资质的有关单位（机构）对相邻设施出具安全鉴定报告，并采取相应的安全措施，确保施工安全和相邻设施的安全。基坑工程的周围有相邻多项建设工程相继施工时，各建设单位应当采取措施，共同做好工程施工的沟通、协调和配合工作。后开工工程的建设单位应当制定相应的施工安全措施，并会同基坑开挖影响范围内的相邻建设工程的建设、设计、施工、监理等单位及有关专家共同对安全技术措施进行审定。基坑工程开工前，建设单位应当组织设计、施工、监理、监测单位进行技术交底。

基坑工程的勘察单位应当严格执行国家颁布的法规、标准和规范，按规定及合同约定提供各项参数和技术指标，保证其满足基坑支护设计、地下水处理和保护周边环境的需要。一般而言，勘察单位除提供正确、完整的建筑场区地质勘察文件外，还应当提供基坑开挖的边坡稳定计算和支护设计所需的岩土技术参数，论证其对周围已有建筑物和地下设施的影响；提供基坑施工降水的有关技术参数及施工降水方法的意见；提供用于计算地下水浮力的设计水位。软土地基区域的建设工程勘察，除了满足承载力外，基坑工程还应当进行稳定性验算。

基坑工程的设计单位应当遵守有关法规、标准和规范的规定，依照设计文件的编制深度向建设单位提交符合设计合同约定的设计文件。设计文件应当包括：设计计算书、施工图纸和其他文字资料等。一般而言，基坑工程设计计算和分析应当充分考虑地面附加荷载、地表水、地下水和相邻设施的影响等不利因素，提出对周围环境保护和避免对相邻建（构）筑物、道路、地下管线等造成损害的技术要求和措施。

勘察、设计人员应当做好勘察设计文件提交后的技术交底和跟踪服务工作。当基坑工程施工中出现异常情况或者险情时，应当做好配合工作。

9.1.4 基坑工程施工安全管理

基坑工程的施工安全管理涉及工程施工总承包单位、专业承包单位、监理单位、监测单位和建设单位，这一阶段的主导单位是工程施工总承包单位。

施工单位应当根据勘察报告、设计文件及周围环境资料，结合工程实际，编制基坑工程专项施工方案，并附具安全验算结果。按规定，超过一定规模的基坑工程专项施工方案应当组织专家组进行技术论证。专家组对专项施工方案进行论证后，必须提出书面论证审查报告。施工单位应当根据专家组的论证审查报告完善施工方案，并经施工单位技术负责人、总监理工程师及建设单位项目负责人签字后方可组织实施。

基坑工程专项施工方案应当包括：①基坑侧壁选用的安全系数；②护壁、支护结构的选型；③地下水控制方法及验算；④承载能力极限状态和正常状态的设计和验算；⑤支护结构计算和验算；⑥质量检测及施工监控要求，采取的方式、方法；⑦安全防护设施的设置；⑧安全作业注意事项；⑨施工及材料费用的总体估算；⑩基坑工程施工的其他要求（如监测、土方开挖的进度控制、应急措施等）。

基坑开挖前，施工单位应当按照专项施工方案的要求，对有关措施进行全面检查，确保相邻建（构）筑物和地下管线等重要部位的专项防护措施落实到位。严禁在不具备安全生产条件下强令违章作业、盲目施工。

基坑周边在基坑深度2倍距离的范围内不宜设置塔式起重机等大型设备和搭设职工宿舍。在基坑周边上述距离范围内，如果确需设置塔式起重机或搭设办公用房、堆放料具等，必须经基坑工程设计单位验算设计，并出具书面同意意见。当书面意见书中明确对基坑应进行特殊加固处理时，基坑工程施工单位应对基坑按照书面意见书要求做相应特殊加固处理。加固方案应当经原专家组论证。

施工单位应当制定防范事故的应急预案。当发生基坑工程质量安全事故或者严重威胁周边环境安全时，施工、建设、监理单位必须迅速采取措施控制事态发展，并立即按有关规定向工程所在地建设行政主管部门报告，严禁拖延或者隐瞒不报。

基坑围护结构施工完工后、地下结构工程施工前，必须由建设、设计、施工、监理单位对基坑工程进行联合验收，对基坑开挖与支护工程的稳定性、时效性等方面出具书面意见，并报工程所在地建筑工程质量、安全监督部门备案，合格后方可进行地下结构施工。基坑工程应当在基坑围护结构有效时限内和主体结构满足抗浮要求时，及时进行基坑回填工作。严禁基坑长时间暴露。

基坑开挖或者支护工程完成后，因特殊原因可能造成基坑长期暴露或者超过支护设计安全期而危及周边环境安全和施工安全的，应当及时回填或者采取有效加固措施。

基坑施工活动中，工程施工总承包单位的总工程师、项目经理、项目技术负责人和专业承包单位的项目负责人、技术负责人处于核心地位。工程施工总承包单位的总工程师和项目技术负责人在基坑工程开挖深度达到“住房城乡建设部办公厅关于实施《危险性较大的分部分项工程安全管理规定》有关问题的通知（建办质 [2018]31 号）”规定的标准时，应当常驻施工现场，随时处置施工过程中的安全隐患和安全技术问题。

9.1.5　基坑工程监测

基坑工程必须实行监测。建设单位应当委托甲级资质的工程勘察（岩土工程）或者基坑勘察设计专项甲级资质单位承担监测任务。监测单位应当根据勘察报告、设计文件和施工组织设计等有关监测要求，制定监测方案，并经委托方审核后实施。

深基坑工程监测应从基坑开挖前的准备工作开始，直至基坑土方回填完毕为止。监测范围应包括有地下室或者地下结构的建（构）筑物基坑及基坑邻近的建筑物、构筑物、道路、地下设施、地下管线、岩土体及地下水体等周边环境等。监测单位与施工单位不能有隶属关系或者同属一家上级主管单位。

遇台风、大雨及地下水位涨落大、地质情况复杂等情形，建设单位、工程施工总承包单位、深基坑工程专业施工单位、监理单位、监测单位应当安排专人 24 小时值班，加强对深基坑和周围环境的沉降、变形、地下水位变化等观察工作，有异常情况应当及时报告，并采取有效措施及时消除事故隐患。

监测单位应当及时向施工、建设、监理单位通报监测分析情况，提出合理建议。监测采集数据已达报警界限时，应当及时通知有关各方采取措施。

9.2　高大模板支撑工程安全技术

9.2.1　高大模板支撑工程安全技术

高大模板支撑体系为危险性较大的分部分项工程，住房城乡建设部颁布的《建筑施工安全专项整治工作方案》、《危险性较大的分部分项工程安全管理规定》和《建设工程高大模板支撑系统施工安全监督管理导则》对高大模板支撑体系提出了具体的管理要求。

《建设工程高大模板支撑系统施工安全监督管理导则》所称高大模板支撑系统是指建设工程施工现场混凝土构件模板支撑高度超过 8m，或者搭设跨度超过 18m，或者施工总荷载大于 $15kN/m^2$，或者集中线荷载大于 20kN/m 的模板支撑系统。

9.2.2 高大模板支撑专项施工方案管理

1. 专项施工方案编制与专家论证

专项施工方案是搭设模板支架的依据，是确保支架安全的第一道关卡。要求依照相关法律、法规、规范性文件、标准、规范和图纸编制。

（1）编制人员，由项目技术负责人组织具有中级及以上技术职称的施工技术人员编写。

（2）编制依据，应采用现行技术规范或规程作为编制依据。技术规范已经重新修订应及时更新；已经废止的技术规范或规程不能作为编制的依据。

（3）专项施工方案应包括：① 工程概况；② 体系和方案选择；③ 构造要求；④ 设计验算；⑤ 施工图；⑥ 施工要求；⑦ 混凝土浇筑施工方案；⑧ 施工计划；⑨ 应急救援预案；⑩ 施工安全保证措施；⑪ 劳动力计划。

2. 专项施工方案审批和专家论证

高大模板支撑体系专项施工方案编制完成后，应先由施工单位技术部门组织本单位施工技术、安全、质量等部门的专业技术人员进行审核，经施工单位技术负责人签字后，再按照相关规定组织专家论证。专家应当从行业协会公布的专家库中选取。

3. 专家论证意见处理措施

施工单位应当根据专家论证意见修改完善专项施工方案，并经施工单位技术负责人、项目总监理工程师建设单位项目负责人签字后，方可组织实施。

9.2.3 实施过程的验收管理

高大模板支撑系统搭设前，施工单位项目技术负责人或者方案编制人员应当根据专项施工方案和有关标准、规范的要求，对现场管理人员、操作班组作业人员进行安全技术交底，并履行签字手续。由项目技术负责人组织对需要处理或者加固的地基、基础进行验收，并留存记录。

高大模板支撑系统应在搭设完成后，由施工单位项目负责人组织验收。验收人员应包括施工单位和项目部两级技术人员、项目安全、质量、施工人员，监理单位的总监和专业监理工程师。验收合格，经施工单位项目技术负责人及项目总监理工程师签字后，方可进入后续工序的施工。

混凝土浇筑前，施工单位项目技术负责人、项目总监应确认具备混凝土浇筑的安全生产条件，签署混凝土浇筑令，方可浇筑混凝土。

高大模板支撑系统拆除前，项目技术负责人、项目总监应当核查混凝土同条件试块强度报告，浇筑混凝土达到拆模强度后方可拆除，并履行拆模审批签字手续。

9.2.4 监督管理

施工单位应严格按照专项施工方案组织施工。高大模板支撑系统搭设、拆除及混凝土浇筑过程中，应有专业技术人员进行现场指导，设专人负责安全检查，发现险情立即停止施工并采取应急措施，排除险情后方可继续施工。

监理单位对高大模板支撑系统的搭设、拆除及混凝土浇筑实施巡视检查，发现安全隐患应当责令整改，对施工单位拒不整改或者拒不停止施工的，应当及时向建设单位报告。

建设行政主管部门及监督机构应将高大模板支撑系统作为建设工程安全监督重点，加强对方案审核论证、验收、检查、监控程序的监督。

9.3 脚手架工程安全技术

9.3.1 脚手架分类及形式

按照与建筑物的位置关系，分为外脚手架、内脚手架。

按其所用材料，分为木脚手架、竹脚手架和金属脚手架。

按其结构形式，分为扣件式脚手架、门式脚手架、碗扣式脚手架、承插型盘扣式脚手架、满堂脚手架脚手架、悬挑式脚手架、附着式升降脚手架及高处作业吊篮等。

按照支承部位和形式，分为落地式脚手架、悬挑式脚手架、附墙悬挂脚手架、悬吊脚手架、附着式升降脚手架、水平移动脚手架。

9.3.2 脚手架工程施工安全一般规定

1. 企业资质要求

（1）脚手架工程施工单位必须具有相应的专业承包资质及安全生产许可证，并在其资质许可范围及法定有效期内从事脚手架的搭设与拆除作业活动。

（2）脚手架工程施工单位不得将其承包的专业工程中非劳务作业部分再分包。

2. 施工人员要求

建筑架子工属于建筑施工特种作业人员，必须经建设行政主管部门考核合格，取得建筑施工特种作业人员操作资格证书，方可上岗从事脚手架的搭设与拆除作业。

3. 施工技术要求

（1）脚手架搭设前应编制专项施工方案。专项施工方案应依据工程特点、现场情况及《建筑施工扣件式钢管脚手架安全技术规范》JGJ 130、《建筑施工碗扣式钢管脚手架安全技术规范》JGJ 166、《建筑施工工具式脚手架安全技术规范》JGJ 202、《建筑施工安全检查标准》JGJ 59 等标准、规范编制。

住房城乡建设部办公厅关于实施《危险性较大的分部分项工程安全管理规定》有关问题的通知（建办质 [2018]31 号）规定：对于搭设高度 24m 及以上的落地式钢管脚手架工程，附着式整体和分片提升脚手架工程，悬挑式脚手架工程，吊篮脚手架工程，自制卸料平台、移动操作平台工程，施工单位应组织编制专项施工方案并审核；对于搭设高度 50m 及以上落地式钢管脚手架工程，提升高度 150m 及以上附着式整体和分片提升脚手架工程，架体高度 20m 及以上的悬挑式脚手架工程，施工单位应编制专项施工方案并组织专家对方案进行论证。

（2）钢管和扣件应有质量合格证明，项目部应对进场材料进行验收，经相关检测合格后方可使用。

（3）临街搭设脚手架时，外侧应有防止坠物伤人的防护措施。

（4）在脚手架上进行电、气焊（割）作业时，应有可靠的防火措施和专人监管。

（5）工地临时用电线路的架设及脚手架接地、避雷措施等，应按《施工现场临时用电安全技术规范》JGJ 46 的有关规定执行。

（6）脚手架工程，严禁与物料提升机、施工升降机、塔式起重机等起重设备机身及其附着设施相连接，严禁与物料周转平台等架体相连接，且不得与模板支架工程相连接。

9.3.3 脚手架工程搭拆控制措施

（1）脚手架工程施工时，应首先由脚手架工程技术负责人向架子班组作业人员进行安全技术交底，并有交底书，交底后双方应签字并注明交底日期。

（2）临街搭拆作业时，外侧应有防坠物伤人的防护措施。当遇有 6 级以上强风和雨、雾、雪天气时，应停止搭拆作业活动。雪、雨后上架作业应有防滑措施，并扫除积雪。对长期停用的脚手架，在恢复使用前或拆除前应进行检查，确保作业人员安全。脚手架在使用过程中应经常进行检查，特别是在大风、暴雨后更要进行检查，发现问题应及时处理。

（3）作业层上的施工荷载应满足设计要求，不得超载，不得将模板支架、缆风绳、泵送混凝土和砂浆输送管等固定在脚手架上，严禁悬挂起重设备。

（4）脚手架拆除必须有项目经理或工程施工负责人签字确认的可拆除通知书，方可进行拆除。作业前应制定拆除方案，保证拆除过程中脚手架的稳定性。拆除作业应从上而下逐层进行，严禁上下同时作业，拆除的杆件严禁抛扔，应滑下或用绳系牢下落，拆除的钢管、扣件等应分类堆放，及时整理运走；在拆除作业区周围设置围栏、警告标志；拆除作业时地面要有专人监护，严禁非作业人员闯入作业区。

9.3.4 脚手架工程检查与验收管理要求

（1）施工单位对脚手架工程实行分包的要审查分包单位有关安全生产条件，包括：

1）资质等级证书、营业执照、安全生产许可证。

2）主要管理人员的资格证书、专业分包项目负责人安全生产考核合格证书、专职安全生产管理人员安全生产考核合格证书。

3）架子工的特种作业人员操作资格证书，并进行人证对照，做到人证相符。

4）安全生产管理机构的设置情况。

5）安全生产责任制、安全生产规章制度等。

6）施工人员办理保险的档案资料。

（2）钢管、扣件应具有产品合格证、性能检测报告、生产许可证等质保资料，并按规定抽样检验，检验合格方准使用。

（3）在脚手架使用期间，严禁拆除下列杆件：

1）主节点处的纵、横向水平杆，纵、横向扫地杆。

2）连墙件。

（4）脚手架及其地基基础应在下列阶段进行检查与验收：

1）基础完工后及脚手架搭设前。

2）作业层上施加荷载前。

3）每搭设完 6 ～ 8m 高度后。

4）达到设计高度后。

5）遇有 6 级及以上强风或大雨后。

6）冻结地区解冻后。

7）停用超过一个月。

（5）脚手架使用中，应定期检查下列内容:

1）杆件的设置和连接，连墙件、支撑、门洞桁架等的构造，应符合相关规范和专项施工方案的要求。

2）地基应无积水，底座应无松动，立杆应无悬空。

3）扣件螺栓应无松动。

4）应无超载使用。

（6）附着式升降脚手架应在下列阶段进行检查与验收:

1）首次安装完毕。

2）提升或下降前。

3）提升、下降到位，投入使用前。

（7）在附着式升降脚手架使用、提升和下降阶段均应对防坠、防倾覆装置进行检查，无安全隐患后方可作业。

（8）附着式升降脚手架、高处作业吊篮所使用的电气设施和线路应符合《施工现场临时用电安全技术规范》JGJ 46 的要求。

（9）高处作业吊篮应按规定逐台逐项验收，并经空载运行试验合格后方可使用。

9.4　建筑起重机械安全管理

9.4.1　建筑施工起重机械的监督管理

2008 年 1 月 28 日，建设部发布《建筑起重机械安全监督管理规定》（建设部令第 166 号），规定国务院建设行政主管部门对全国的建筑起重机械的租赁、安装、拆卸、使用实施监督管理，县级以上地方人民政府建设行政主管部门对本行政区域内的建筑起重机械的租赁、安装、拆卸、使用实施监督管理。

2009 年 1 月 24 日，《国务院关于修改（特种设备安全监察条例）的决定》规定:“房屋建筑工地和市政工程工地用起重机械、场（厂）内专用机动车辆的安装、使用的监督管理，由建设行政主管部门依照有关法律、法规的规定执行。”

2013 年 6 月 29 日，全国人民代表大会常务委员会通过了《中华人民共和国特种设备安全法》，自 2014 年 1 月 1 日起施行。该法明确起重机械和场（厂）内专用机动车辆属于特种设备，进一步规定了房屋建筑工地、市政工程工地用起重机械和场（厂）内专用机动车辆的安装、使用的监督管理，由建设行政主管部门依照本法和其他有关法律的规定实施。

9.4.2 建筑施工起重机械的管理单位与职责

1. 建筑起重机械的出租单位或者自购自用单位的基本职责

（1）购置、租赁、使用的建筑起重机械应当具有特种设备制造许可证、产品合格证。

（2）不得出租、使用国家明令淘汰或者禁止使用的、超过安全技术标准或者制造厂家规定的使用年限的、经检验达不到安全技术标准规定的、没有完整安全技术档案的、没有齐全有效的安全保护装置的建筑起重机械。

（3）建立建筑起重机械设备安全技术档案，包括购销合同、制造许可证、产品合格证、安装使用说明书、备案证明等原始资料，定期检验报告、定期自行检查记录、定期维护保养记录、维修和技术改造记录、运行故障和生产安全事故记录、累计运转记录等运行资料，历次安装验收资料。

（4）保持机械设备的使用处于安全完好状态。

2. 建筑起重机械安装拆卸单位的基本职责

（1）按照安全技术标准及建筑起重机械性能要求，编制建筑起重机械安装、拆卸工程专项施工方案，并由本单位技术负责人签字。按照安全技术标准及安装使用说明书等检查建筑起重机械及现场施工条件。组织安全施工技术交底并签字确认。制定建筑起重机械安装、拆卸工程生产安全事故应急救援预案。将建筑起重机械安装、拆卸工程专项施工方案，安装、拆卸人员名单，安装、拆卸时间等材料报施工总承包单位和监理单位审核后，告知工程所在地县级以上地方人民政府建设行政主管部门。

（2）安装单位应当按照建筑起重机械安装、拆卸工程专项施工方案及安全操作规程组织安装、拆卸作业。安装单位的专业技术人员、专职安全生产管理人员应当进行现场监督，技术负责人应当定期巡查。

（3）建筑起重机械安装完毕后，安装单位应当按照安全技术标准及安装使用说明书的有关要求对建筑起重机械进行自检、调试和试运转。自检合格的，应当出具自检合格证明，并向使用单位进行安全使用说明。

（4）安装单位应当建立建筑起重机械安装、拆卸工程档案。建筑起重机械安装、拆卸工程档案应当包括以下资料：安装、拆卸合同及安全协议书，安装、拆卸工程专项施工方案，安全施工技术交底的有关资料，安装工程验收资料，安装、拆卸工程生产安全事故应急救援预案。

3. 建筑起重机械使用单位的基本职责

（1）建筑起重机械安装完毕后，使用单位应当组织出租、安装、监理等有关单位进行验收，或者委托具有相应资质的检验检测机构进行验收。建筑起重机械经验收合格后方可投入使用，未经验收或者验收不合格的不得使用。实行施工总承包的，由施工总承包单位组织验收。建筑起重机械在验收前应当经有相应资质的检验检测机构监督检验合格。检验检测机构和检验检测人员对检验检测结果、鉴定结论依法承担法律责任。

（2）根据不同施工阶段、周围环境以及季节、气候的变化，对建筑起重机械采取相应的安全防护措施。制定建筑起重机械生产安全事故应急救援预案。在建筑起重机械活动范围内设置明显的安全警示标志，对集中作业区做好安全防护。设置相应的设备管理机构或者配备专职的设备管理人员。指定专职设备管理人员、专职安全生产管理人员进行现场监督检查。建筑起重机械出现故障或者发生异常情况的，应立即停止使用，消除故障和事故隐患后方可重新投入使用。

（3）使用单位应当对在用的建筑起重机械及其安全保护装置、吊具、索具等进行经常性和定期的检查、维护和保养，并做好记录。使用单位在建筑起重机械租期结束后，应当将定期检查、维护和保养记录移交出租单位。建筑起重机械租赁合同对建筑起重机械的检查、维护、保养另有约定的，从其约定。

4. 建筑施工总承包单位的基本职责

（1）向安装单位提供拟安装设备位置的基础施工资料，确保建筑起重机械进场安装、拆卸所需的施工条件。

（2）审核建筑起重机械的特种设备制造许可证、产品合格证、备案证明等文件。

（3）审核安装单位、使用单位的资质证书，安全生产许可证和特种作业人员的特种作业操作资格证书。

（4）审核安装单位制定的建筑起重机械安装、拆卸工程专项施工方案和生产安全事故应急救援预案。

（5）审核使用单位制定的建筑起重机械生产安全事故应急救援预案。

（6）指定专职安全生产管理人员监督检查建筑起重机械安装、拆卸、使用情况。

（7）施工现场有多台塔式起重机作业时，应当组织制定并实施防止塔式起重机相互碰撞的安全措施。

5. 监理单位的基本职责

（1）审核建筑起重机械特种设备制造许可证、产品合格证、备案证明等文件。

（2）审核建筑起重机械安装单位、使用单位的资质证书，安全生产许可证和特种作业人员的特种作业操作资格证书。

（3）审核建筑起重机械安装、拆卸工程专项施工方案。

（4）监督安装单位执行建筑起重机械安装、拆卸工程专项施工方案情况。

（5）监督检查建筑起重机械的使用情况。

（6）发现存在生产安全事故隐患的，应当要求安装单位、使用单位限期整改，对安装单位、使用单位拒不整改的，及时向建设单位报告。

9.4.3　建筑施工起重机械设备登记管理

1. 登记制度的设置与管理部门

建筑起重机械登记管理工作由省建设行政主管部门负责。设区的市和县（市）建设（筑）行政主管部门负责本行政区域内建筑起重机械的登记管理。登记管理事项包括产权备案、安装拆卸告知、使用登记和使用登记注销。

建筑起重机械的产权登记和使用登记分别由建筑起重机械产权单位和使用单位申请办理。起重机械产权登记编号实行一机一号终身编号制度。登记后，任何单位和个人不得随意更改登记文件和编号。

2. 产权备案

建筑起重机械出租单位或者自购建筑起重机械使用单位（即设备产权单位），在建筑起重机械首次出租或安装前，应当向本单位工商注册所在地县级以上地方人民政府建设行政主管部门办理备案。建筑起重机械产权登记手续由设备产权单位在购机后到企业注册所在地登记部门办理。建筑起重机械登记部门应当对符合登记条件的设备进行编号，向产权单位核发《建筑施工起重机械设备产权登记证》。产权单位办理产权登记手续时，应当向登记部门提交以下资料：

（1）产权单位法人营业执照副本。

（2）特种设备制造许可证。

（3）产品合格证。

（4）建筑起重机械设备购销合同、发票或相应有效凭证。

（5）设备备案机关规定的其他资料。

所有资料复印件应当加盖产权单位公章。

建筑起重机械存在下列情形时，设备备案机关不予备案：

（1）属国家和地方明令淘汰或者禁止使用的。

（2）超过制造厂家或者安全技术标准规定的使用年限的。

（3）经检验达不到安全技术标准规定的。

（4）没有完整安全技术档案的。

（5）没有齐全有效的安全保护装置的。

3. 安装拆卸告知

《建筑起重机械备案登记办法》规定，安装单位应当在建筑起重机械安装（拆卸）前2个工作日内通过书面形式、传真或者计算机信息系统告知工程所在地县级以上地方人民政府建设行政主管部门，同时按规定提交经施工总承包单位、监理单位审核合格的有关资料。

从事建筑起重机械安装、拆卸活动的单位办理建筑起重机械安装（拆卸）告知手续前，应当将以下资料报送施工总承包单位、监理单位审核：

（1）建筑起重机械备案证明。

（2）安装单位资质证书、安全生产许可证副本。

（3）安装单位特种作业人员证书。

（4）建筑起重机械安装（拆卸）工程专项施工方案。

（5）安装单位与使用单位签订的安装（拆卸）合同及安装单位与施工总承包单位签订的安全协议书。

（6）安装单位负责建筑起重机械安装（拆卸）工程专职安全生产管理人员、专业技术人员名单。

（7）建筑起重机械安装（拆卸）工程生产安全事故应急救援预案。

（8）辅助起重机械资料及其特种作业人员证书。

（9）施工总承包单位、监理单位要求的其他资料。

4. 使用登记

建筑起重机械使用单位在建筑起重机械安装验收合格之日起30日内，向工程所在地县级以上地方人民政府建设行政主管部门办理使用登记。使用单位在办理建筑起重机械使用登记时，应当向使用登记机关提交下列资料：

（1）建筑起重机械备案证明。

（2）建筑起重机械租赁合同。

（3）建筑起重机械检验检测报告和安装验收资料。

（4）使用单位特种作业人员资格证书。

（5）建筑起重机械维护保养等管理制度。

（6）建筑起重机械生产安全事故应急救援预案。

（7）使用登记机关规定的其他资料。

有下列情形之一的建筑起重机械，登记机关不予办理使用登记，并有权责令使用单位立即停止使用或者拆除:

（1）属于产权备案不予备案的设备情形的。

（2）未经检验检测或者经检验检测不合格的。

（3）未经安装验收或者经安装验收不合格的。

使用登记机关在安装单位办理建筑起重机械拆卸告知手续时，注销建筑起重机械使用登记证明。

9.4.4 禁止和限制使用的设备

简易临时吊架、自制简易吊篮，禁止用于房屋建筑施工；井架简易塔式起重机、自制简易的或用摩擦式卷扬机驱动的钢丝绳式物料提升机，禁止用于建筑施工现场。

起重公称力矩在400kN•m（含400kN•m）以下，出厂超过8年的塔式起重机；起重公称力矩在630kN•m（不含630kN•m）以下，出厂超过10年的塔式起重机；公称力矩在630～1250kN•m（不含1250kN•m）以下，出厂超过13年的塔式起重机；公称力矩在1250kN•m以上出厂超过18年的塔式起重机，必须进行安全评估和结构应力测试，合格的方可进行安装质量检验。

SC型施工升降机出厂超过8年，SS型施工升降机出厂超过5年，必须进行安全评估和结构应力测试，合格的方可进行安装质量检验。

9.4.5 建筑施工起重机械设备安装质量验收与检验检测管理

起重机械设备安装检验应当委托具有建筑起重机械检验检测资质的机构承担。建筑起重机械检验检测机构和检验检测人员应当客观、公正、及时地出具检验检测结果、鉴定结论。检验检测结果、鉴定结论应当经检验检测人员签字，由检验检测机构负责人签署。建筑起重机械检验检测机构和检验检测人员对检验检测结果、鉴定结论负责。

建筑起重机械检验检测机构进行起重机械设备检验检测时，发现严重事故隐患，应当及时告知设备使用单位，并立即向工程所在地建设行政主管部门报告。

经建筑起重机械检验检测机构检测合格的起重机械设备，应当将合格标志置于或者附着于该设备的显著位置。

9.4.6 建筑起重机械安全使用管理

（1）建筑起重机械进入施工现场应具备特种设备制造许可证、产品合格证、特种设备备案证明、安装使用说明书和自检合格证明。

（2）建筑起重机械的装拆应由具有起重设备安装工程承包资质的单位施工，操作和维修人员应持证上岗。

（3）施工现场应提供符合起重机械作业要求的通道和电源等工作场地和作业环境。

（4）建筑起重机械的变幅限制器、力矩限制器、重量限制器、防坠安全器、钢丝绳防脱装置、防脱钩装置以及各种行程限位开关等安全保护装置必须齐全有效，严禁随意调整或拆除。严禁利用限制器和限位装置代替操纵机构。

（5）在风速达到9.0m/s及以上或大雨、大雪、大雾等恶劣天气时，严禁进行建筑起重机械的安装拆卸作业。在风速达到12.0m/s及以上或大雨、大雪、大雾等恶劣天气时，应停止露天的起重吊装作业。重新作业前，应先试吊，并确认各种安全装置灵敏可靠后方可进行作业。

（6）操作人员进行起重机械回转、变幅、行走和吊钩升降等动作前，应发出声响信号示意。

（7）建筑起重机械作业时，应在臂长的水平投影范围内设置警界区域，并有监护措施；起重臂和重物下方不得有人停留、工作或通过，不得用吊车、物料提升机载运人员。

（8）不得使用建筑起重机进行斜拉、斜吊和起吊埋设在地上或凝固在地面上的重物以及其他不明重量的物体。

（9）起吊载荷达到起重机械额定起吊重量的90%及以上时，应先将重物吊离地面不大于200mm。检查起重机械的稳定性和制动可靠性，并在确认重物绑扎牢固平稳后再继续起吊。对大体积或易晃动的重物应拴拉绳。

（10）建筑起重机械作业时，在遇突发故障或突然停电时，应立即把所有控制器拨到零位，并及时断开电源总开关，然后进行检修。起吊物不得长时间悬挂在空中，应采取措施将重物降落到安全位置。

9.5 施工现场临时用电安全技术

9.5.1 临时用电管理

施工现场临时用电，是指施工企业针对施工现场需要而专门设计、设置的临时用电系统，并维护至工地完工后才拆除的一个使用周期的用电系统，随着工程规模的不断扩大，机械化程度的提高，各种机电设备数量增多，配电系统为工地每个作业部位提供动力与照明用电，其移动性、多变性的用电需求较高，加上施工现场露天作业多，气候条件多变等制约，电气装置、配电线路和用电设备容易导致触电事故的发生。

建筑施工临时用电的安全管理有以下基本要求：

（1）项目经理部应当制定安全用电管理制度。

（2）项目经理应当明确施工用电管理人员、电气工程技术人员和各分包单位的电气负责人。

（3）电工必须经考核合格后持证上岗工作；其他用电人员必须通过相关安全教育培训和技术交底，考核合格后方可上岗工作。

（4）安装、巡检、维修或拆除临时用电设备和线路，必须由电工完成，并应有人监护。电工等级应与工程的难易程度和技术复杂性相适应。

（5）各类用电人员应掌握安全用电基本知识和所用设备的性能，并符合下列规定：①使用电气设备前，必须按规定穿戴和配备好相应的劳动防护用品，并应检查电气装置和保护设施，严禁设备带“缺陷”运转；②保管和维护所用设备，发现问题及时报告解决；③暂时停用设备的开关箱必须断开电源隔离开关，并关门上锁；④移动电气设备时，必须经电工切断电源并做妥善处理后进行。

（6）施工现场临时用电必须建立安全技术档案，并应包括下列内容：①用电组织设计的全部资料；②修改用电组织设计的资料；③用电技术交底资料；④用电工程检查验收表；⑤电气设备的试验、检验凭单和调试记录；⑥接地电阻、绝缘电阻和漏电保护器漏电动作参数测定记录表；⑦定期检（复）查表；⑧电工安装、巡检、维修、拆除工作记录。

（7）临时用电工程应定期检查。定期检查时，应复查接地电阻值和绝缘电阻值。

（8）临时用电工程定期检查应按分部分项工程进行，对安全隐患必须及时处理，并应履行复查验收手续。

（9）工程项目部每周应当对临时用电工程至少进行一次安全检查，对检查中发现的问题及时整改。

9.5.2　临时用电组织设计

（1）施工现场临时用电设备在5台及以上或设备总容量在50kW及以上者，应编制临时用电组织设计。施工现场临时用电设备在5台以下和设备总容量在50kW以下者，应制定安全用电和电气防火措施。

（2）施工现场临时用电组织设计应包括下列内容：①现场勘测；②确定电源进线、变电所或配电室、配电装置、用电设备位置及线路走向；③进行负荷计算；④选择变压器；⑤设计配电系统：设计配电线路，选择导线或电缆；设计配电装置，选择电器；设计接地装置；绘制临时用电工程图纸，主要包括用电工程总平面图、配电装置布置图、配电系统接线图、接地装置设计图；⑥设计防雷装置；⑦确定防护措施；⑧制定安全用电措施和电气防火措施。

9.5.3　临时用电基本要求

1. 基本规定

《施工现场临时用电安全技术规范》JGJ 46规定，施工现场临时用电工程专用的电源中性点直接接地的220/380V三相四线制低压电力系统必须符合下列规定：

1）采用三级配电系统。

2）用TN-S接零保护系统。

3）采用二级漏电保护系统。

2. 供配电系统

（1）系统的基本结构

三级配电是指施工现场从电源进线开始至用电设备之间，应经过三级配电装置配送电力。按照《施工现场临时用电安全技术规范》JGJ 46的规定，即由总配电箱（一级箱）或配电室的配电柜开始，依次经由分配电箱（二级箱）、开关箱（三级箱）到用电设备。这种分三个层次逐级配送电力的系统就称为三级配电系统。

（2）系统的设置规则

三级配电系统应遵守四项规则，即：分级分路规则；动力、照明分设规则；压缩配电间距规则；环境安全规则。

1）分级分路规则

① 从一级总配电箱（配电柜）向二级分配电箱配电可以分路，即一个总配电箱（配电柜）；

② 从二级分配电箱向三级开关箱配电同样也可以分路，即一个分配电箱也可以分若干分路向若干开关箱配电，而其每一分路也可以支接若干开关箱；

③ 从三级开关箱向用电设备配电实行“一机一闸”制，不存在分路问题，即每一开关箱只能连接控制一台与其相关的用电设备（含插座），包括一组不超过30A负荷的照明器，每一台用电设备必须有其独立专用的开关箱。

按照分级分路规则的要求，在三级配电系统中，任何用电设备均不得越级配电，即其电源线不得直接连接于分配电箱或总配电箱；任何配电装置不得挂接其他临时用电设备。否则，三级配电系统的结构形式和分级分路规则将被破坏。

2）动力、照明分设规则

① 动力配电箱与照明配电箱宜分别设置；若动力与照明合置于同一配电箱内共箱配电，则动力与照明应分路配电；

② 动力开关箱与照明开关箱必须分箱设置，不存在共箱分路设置问题。

3）压缩配电间距规则

压缩配电间距规则是指除总配电箱、配电室（配电柜）外，分配电箱与开关箱之间、开关箱与用电设备之间的空间间距应尽量缩短。按照《施工现场临时用电安全技术规范》JGJ 46的规定，压缩配电间距规则可用以下要点说明：

① 分配电箱应设在用电设备或负荷相对集中的场所；

② 分配电箱与开关箱的距离不得超过30m；

③ 开关箱与其供电的固定式用电设备的水平距离不宜超过3m。

4）环境安全规则

指配电系统对其设置和运行环境安全因素的要求。

9.5.4 临时用电安全技术

施工现场的用电系统，不论其供电方式如何，都属于电源中性点直接接地的220/380V三相五线制低压电力系统。为了保证用电过程中系统能够安全、可靠地运行，并对系统本身在运行过程中可能出现的诸如接地、短路、过载、漏电等故障进行自我保护，在系统结构配置中必须设置一些与保护要求相适应的子系统：接地保护系统、过载与短路保护系统、漏电保护系统，它们的组合就是用电系统的基本保护系统。

基本保护系统的设置不仅限于保护用电系统本身，而且更重要的是保护用电过程中人的安全和财产安全，特别是防止人体触电和电气火灾事故的发生。

1. TN-S系统

在TN系统中，如果中性线或零线为两条线，其中一条零线用作工作零钱，用N表示；另一条零线用作接地保护线，用PE表示，即将工作零线与保护零线分开使用，这样的接零保护系统称为TN-S系统

2. 二级漏电保护系统

二级漏电保护系统是指在施工现场基本供配电系统的总配电箱（配电柜）和开关箱，即首、末二级配电装置中，设置漏电保护器。其中，总配电箱（配电柜）中的漏电保护器可以设置于总路，也可以设置各分路，但不必重复设置。

3. 配电线路

（1）架空线必须采用绝缘导线。

（2）架空线必须架设在专用电杆上，严禁架设在树木、脚手架及其他设施上。

（3）电缆中必须包含全部工作芯线和用作保护零线或保护线的芯线。需要三相四线制配电的电缆线路必须采用五芯电缆。

（4）电缆线路应采用埋地或架空敷设，严禁沿地面明设，并应避免机械损伤和介质腐蚀。埋地电缆路径应设方位标志。

4. 配电箱及开关箱

（1）配电系统应设置配电柜或总配电箱、分配电箱、开关箱，实行三级配电。总配电箱以下可设若干分配电箱；分配电箱以下可设若干开关箱。

（2）每台用电设备必须有各自专用的开关箱，严禁用同一个开关箱直接控制 2 台及 2 台以上用电设备（含插座）。

（3）动力配电箱与照明配电箱宜分别设置。

（4）配电箱的电器安装板上必须分设 N 线端子板和 PE 线端子板。N 线端子板必须与金属电器安装板绝缘；PE 线端子板必须与金属电器安装板做电气连接。

（5）开关箱中漏电保护器的额定漏电动作电流不应大于 30mA，额定漏电动作时间不应大于 0.1s。使用于潮湿或有腐蚀介质场所的漏电保护器应采用防溅型产品，其额定漏电动作电流不应大于 15mA，额定漏电动作时间不应大于 0.1s。

（6）总配电箱中漏电保护器的额定漏电动作电流应大于 30mA，额定漏电动作时间应大于 0.1s，但其额定通电动作电流与额定通电动作时间的乘积不应大于 30mA•s。

（7）对配电箱、开关箱进行定期维修、检查时，必须将其前一级相应的电源隔离开关分闸断电，并悬挂“禁止合闸、有人工作”停电标志牌，严禁带电作业。

5. 外电防护

（1）保证安全操作距离

1）在建工程不得在外电架空线路正下方施工、搭设作业棚、建造生活设施或堆放构件、架具、材料及其他杂物等。

2）在建工程的周边与外电架空线路的边线之间的最小安全操作距离不应小于表 9-3 所列数值。

最小安全操作距离　　表 9-3

外电线路电压等级（kV）	＜1	1～10	35～110	220	330～500
最小安全操作距离（m）	4	6	8	10	15

（2）架设安全防护设施

架设安全防护设施是一种绝缘隔离防护措施，宜采用木、竹或其他绝缘材料增设屏障、遮栏、围栏、保护网等与外电线路实现强制性绝缘隔离，并须在隔离处悬挂醒目的警告标志牌。

9.6 高处作业安全技术

9.6.1 高处作业的定义与分级

《高处作业分级》GB/T 3608 规定：在距坠落高度基准面 2m 或 2m 以上有可能坠落的高处进行的作业称为高处作业。由于施工现场实际情况，有相当一部分高处作业条件比较特殊或恶劣，通常有以下 11 种能直接引起坠落的客观危险因素：

（1）阵风风力 5 级（风速 8.0 m/s）以上。

（2）平均气温等于或低于 5℃的作业环境。

（3）接触冷水温度等于或低于 12℃的作业。

（4）作业场地有冰、雪、霜、水、油等易滑物。

（5）作业场所光线不足，能见度差。

（6）作业活动范围与危险电压带电体的距离小于表 9-4 的规定。

作业活动范围与危险电压带电体的距离　　表 9-4

危险电压带电体的电压等级（kV）	距离（m）
≤ 10	1.7
35	2.0
63~110	2.5
220	4.0
330	5.0
500	6.0

（7）摆动，立足处不是平面或只有很小的平面，即任一边小于 500 mm 的矩形平面、直径小于 500 mm 的圆形平面或具有类似尺寸的其他形状的平面，致使作业者无法维持正常姿势。

（8）存在有毒气体或空气中含氧量低于 0.195 的作业环境。

（9）可能会引起各种灾害事故的作业环境和抢救突然发生的各种灾害事故。

在划分高处作业等级时，一是从坠落的危险程度考虑，二是从高处作业的危险性质考虑，主要考虑高度和作业条件这两个因素，将可能坠落的危险程度用高处作业级别表示。分级时，首先根据坠落的危险程度，将作业高度分为 2 ～ 5m、5 ～ 15m、15 ～ 30m 及 30m 以上四个区域，然后根据高处作业的危险性质，不存在上述列出的任一种客观危险因素的高处作业按表 9-5 规定的 A 类分级，存在上述列出的一种或一种以上客观危险因素的高处作业按表 9-5 规定的 B 类分级。

高处作业分级　　表 9-5

分类法	高处作业高度 h_w（m）			
	$2 \leqslant h_w \leqslant 5$	$5 < h_w \leqslant 15$	$15 < h_w \leqslant 30$	$h_w > 30$
A	Ⅰ	Ⅱ	Ⅲ	Ⅳ
B	Ⅱ	Ⅲ	Ⅳ	Ⅳ

9.6.2　高处作业安全管理要求

（1）施工单位在编制施工组织设计时，应制定预防高处坠落事故的安全技术措施。项目经理对本项目的安全生产全面负责。项目经理部应结合施工组织设计，根据建筑工程特点编制预防高处坠落事故的专项施工方案，并组织实施。

（2）施工单位应做好高处作业人员的安全教育及相关的安全预防工作。高处作业人员应接受高处作业安全知识的教育；上岗前应依据有关规定进行专门的安全技术签字交底。高处作业人员应经过体检，合格后方可上岗。施工单位应为作业人员提供合格的安全帽、安全带等必备的安全防护用具，作业人员应按规定正确佩戴和使用。

（3）高处作业前，项目分管负责人应组织有关部门对安全防护设施进行验收，经验收合格签字后方可作业。安全防护设施应做到定型化、工具化，防护栏以黄黑（或红白）相间的条纹标示，盖件等以黄（或红）色标示。需要临时拆除或变动安全设施的，应经项目分管负责人审批签字，并组织有关部门验收，经验收合格签字后方可实施。

（4）物料提升机应有完好的停层装置，各层联络要有明确信号和楼层标记。物料提升机上料口应装设有联锁装置的安全门，同时采用断绳保护装置或安全停靠装置。通道口走道板应满铺并固定牢靠，两侧边应设置符合要求的防护栏杆和挡脚板，并用密目式安全网封闭两侧。物料提升机严禁乘人。

（5）施工升降机各种限位应灵敏可靠，楼层门应采取防止人员和物料坠落措施，电梯上下运行行程内应保证无保障物。电梯轿厢内乘人、载物时，严禁超载，载荷应均匀分布，防止偏重。

（6）移动式操作平台应按相关规定编制施工方案，按有关程序经审核、验收合格后方可作业。移动式操作平台立杆应保持垂直，上部适当向内收紧，平台作业面不得超出底脚。立杆底部和平台立面应分别设置扫地杆、剪刀撑或斜撑，平台应用坚实木板满铺，并设置防护栏杆和登高扶梯。

（7）各类作业平台、卸料平台应按相关规定编制施工方案，按有关程序经审核、验收合格后方可作业。架体应保持稳固，不得与施工脚手架连接。作业平台上严禁超载。

（8）脚手架应按相关规定编制施工方案。按有关程序经审核、验收合格后方可作业。作业层脚手架的脚手板应铺设严密，下部应用安全平网兜底。脚手架外侧应采用密目式安全网做全封闭，不得留有空隙。密目式安全网应可靠固定在架体上。作业层脚手板与建筑物之间的空隙大于 15cm 时应作全封闭，防止人员和物料坠落。作业人员上下应有专用通道，不得攀爬架体。

（9）附着式升降脚手架和其他外挂式脚手架应按相关规定编制施工方案，按有关程序经审核、验收合格后方可作业。附着式升降脚手架和其他外挂式脚手架每提升一次，都应由项目分管负责人组织有关部门验收，经验收合格签字后方可作业。附着式升降脚手架和其他外挂式脚手架应设置安全可靠的防倾覆、防坠落装置，每一作业层架体外侧应设置符合要求的防护栏杆和挡脚板。附着式升降脚手架和其他外挂式脚手架升降时，应设专人对脚手架作业区域进行监护。

（10）模板工程应按相关规定编制施工方案，按有关程序经审核，验收合格后方可作业。模板工程在绑扎钢筋、支拆模板时应保证作业人员有可靠立足点，作业面应按规定设置安全防护设施。模板及其支撑体系的施工荷载应均匀堆置，并不得超过设计计算要求。

（11）吊篮应按相关规定编制施工方案，按有关程序经审核，验收合格后方可作业。吊篮产权单位应做好日常例保和记录。吊篮悬挂机构的结构件应选用钢材或其他适合的金属结构材料制造，其结构应具有足够的强度和刚度。作业人员应按规定佩戴安全带；安全带应挂设在单独设置的安全绳上，严禁安全绳与吊篮连接。

9.6.3 高处作业的安全防护技术

1. 临边作业

（1）坠落高度基准面 2m 及以上进行临边作业时，应在临空一侧设置防护栏杆，并采用密目式安全立网或工具式栏板封闭。

（2）分层施工的楼梯口、楼梯平台和梯段边，应安装防护栏杆；外设楼梯口、楼梯平台和梯段边，还应采用密目式安全立网封闭。

（3）建筑物外围边沿处，应采用密目式安全立网进行全封闭，有外脚手架的工程，密目式安全立网应设置在脚手架外侧立杆上，并与脚手杆紧密连接；没有外脚手架的工程，应采用密目式安全立网将临边全封闭。

（4）施工升降机、龙门架和井架物料提升机等各类垂直运输设备设施与建筑物间设置的通道平台两侧边，应设置防护栏杆、挡脚板，并采用密目式安全立网或工具式栏板封闭。

（5）各类垂直运输接料平台口应设置高度不低于 1.80m 的楼层防护门，并设置防外开装置；多笼井架物料提升机通道中间应分别设置隔离设施。

2. 洞口作业

（1）在洞口作业时，应采取防坠落措施，并符合下列规定：

1）当垂直洞口短边边长小于 500mm 时，应采取封堵措施；当垂直洞口短边边长大于或等于 500mm 时，应在临空一侧设置高度不小于 1.2m 的防护栏杆，并采用密目式安全立网或工具式栏板封闭，设置挡脚板。

2）当垂直洞口短边边长为 25 ～ 500mm 时，应采用承载力满足使用要求的盖板覆盖，盖板四周搁置应均衡，且应防止盖板移位。

3）当垂直洞口短边边长为 500 ～ 1500mm 时，应采用专项设计盖板覆盖，并采取固定措施。

4）当垂直洞口短边长大于或等于 1500mm 时，应在洞口侧面设置高度不小于 1.2m 的防护栏杆，并采用密目式安全立网或工具式栏板封闭；洞口应采用安全平网封闭。

（2）电梯井口应设置防护门，其高度不应小于 1.5m, 防护门底端距地面高度不应大于 50mm, 并设置挡脚板。

（3）在进入电梯安装施工工序之前，井道内应每隔10m且不大于2层加设一道水平安全网。电梯井内的施工层上部应设置隔离防护设施。

（4）施工现场通道附近的洞口、坑、沟、槽、高处临边等危险作业处应悬挂安全警示标志，夜间应设灯光警示。

（5）边长不大于500mm的洞口所加盖板，应能承受不小于1.1kN/m^{2}的荷载。

（6）墙面等处落地的竖向洞口、窗台高度低于800mm的竖向洞口及框架结构在浇筑完混凝土没有砌筑墙体时的洞口，应按临边防护要求设置防护栏杆。

3. 攀登作业

（1）施工组织设计或施工技术方案中应明确施工中使用的登高和攀登设施，人员登高应借助建筑结构或脚手架的上下通道、梯子及其他攀登设施和用具。

（2）攀登作业所用设施和用具的结构构造应牢固可靠；作用在踏步上、踏板上的荷载不应大于1.1kN；当梯面上有特殊作业、重量超过上述荷载时，应按实际情况验算。

（3）不得两人同时在梯子上作业。在通道处使用梯子作业时，应有专人监护或设置围栏。脚手架操作层上不得使用梯子进行作业。

（4）便携式梯子宜采用金属材料或木材制作，并应符合现行国家标准《便携式金属梯安全要求》GB 12142和《便携式木梯安全要求》GB 7059的规定。

（5）单梯不得垫高使用，使用时应与水平面成75°夹角，踏步不得缺失，其间距宜为300mm。当梯子需接长使用时，应有可靠的连接措施，接头不得超过1处。连接后梯梁的强度不应低于单梯梯梁的强度。

（6）折梯张开到工作位置的倾角应符合《便携式金属梯安全要求》GB 12142和《便携式木梯安全要求》GB 7059的有关规定，并应有整体的金属撑杆或可靠的锁定装置。

（7）固定式直梯应采用金属材料制成，并符合《固定式钢梯及平台要求　第1部分：钢直梯》GB 4053.1的规定；梯子内侧净宽应为400～600mm，固定直梯的支撑应采用不小于∟70×6的角钢，埋设与焊接应牢固。直梯顶端的踏棍应与攀登的顶面齐平，并应加设1.05～1.5m高的扶手。

（8）使用固定式直梯进行攀登作业时，攀登高度宜为5m，且不超过10m。当攀登高度超过3m时，宜加设护笼；超过8m时，应设置梯间平台。

（9）当安装钢柱或钢结构时，应使用梯子或其他登高设施。当钢柱或钢结构接高时，应设置操作平台。当无电焊防风要求时，操作平台的防护栏杆高度不应小于1.2m；有电焊防风要求时，操作平台的防护栏杆高度不应小于1.8m。

（10）当安装三角形屋架时，应在屋脊处设置上下的扶梯；当安装梯形屋架时，应在两端设置上下的扶梯。扶梯的踏步间距不应大于400mm。屋架弦杆安装时搭设的操作平台，应设置防护栏杆或用于作业人员拴挂安全带的安全绳。

（11）深基坑施工，应设置扶梯、入坑踏步及专用载人设备或斜道等。采用斜道时，应加设间距不大于400mm的防滑条等防滑措施。严禁人员沿坑壁、支撑或乘运土工具上下。

4. 悬空作业

（1）构件吊装和管道安装时的悬空作业应符合下列规定：

1）钢结构吊装。构件宜在地面组装，安全设施应一并设置。吊装时，应在作业层下方设置一道水平安全网。

2）吊装钢筋混凝土屋架、梁、柱等大型构件前，应在构件上预先设置登高通道、操作立足点等安全设施。

3）在高空安装大模板、吊装第一块预制构件或单独的大中型预制构件时，应站在作业平台上操作。

4）当吊装作业利用吊车梁等构件作为水平通道时，临空面的一侧应设置连续的栏杆等防护措施。当采用钢索做安全绳时，钢索的一端应采用花篮螺栓收紧；当采用钢丝绳做安全绳时，绳的自然下垂度不应大于绳长的1/20，并应控制在100 mm以内。

5）钢结构安装施工宜在施工层搭设水平通道，水平通道两侧应设置防护栏杆，当利用钢梁作为水平通道时，应在钢梁一侧设置连续的安全绳，安全绳宜采用钢丝绳。

6）钢结构、管道等安装施工的安全防护设施宜采用标准化、定型化产品。

严禁在未固定、无防护的构件及安装中的管道上作业或通行。

（2）模板支撑体系搭设和拆卸时的悬空作业，应符合下列规定：

1）模板支撑应按规定的程序进行，不得在连接件和支撑件上攀登上下，不得在上下同一垂直面上装拆模板。

2）在2m以上高处搭设与拆除柱模板及悬挑式模板时，应设置操作平台。

3）在进行高处拆模作业时应配置登高用具或搭设支架。

（3）绑扎钢筋和预应力张拉时的悬空作业应符合下列规定。

1）绑扎立柱和墙体钢筋，不得站在钢筋骨架上或攀登骨架。

2）在2m以上的高处绑扎柱钢筋时，应搭设操作平台。

3）在高处进行预应力张拉时，应搭设有防护挡板的操作平台。

（4）混凝土浇筑与结构施工时的悬空作业应符合下列规定：

1）浇筑高度2m以上的混凝土结构构件时，应设置脚手架或操作平台。

2）悬挑的混凝土梁、檐、外墙和边柱等结构施工时，应搭设脚手架或操作平台，并应设置防护栏杆，采用密目式安全立网封闭。

（5）屋面作业应符合下列规定：

1）在坡度大于1∶2.2的屋面上作业，当无外脚手架时，应在屋檐边设置不低于1.5m高的防护栏杆，并应采用密目式安全立网全封闭。

2）在轻质型材等屋面上作业，应搭设临时走道板，不得在轻质型材上行走。安装压型板前，应采取在梁下支设安全平网或搭设脚手架等安全防护措施。

（6）外墙作业应符合下列规定：

1）门窗作业时，应有防坠落措施，操作人员在无安全防护措施情况下，不得站立在樘子、阳台栏板上作业。

2）高处安装不得使用座板式单人吊具。

5. 交叉作业

（1）施工现场立体交叉作业时，下层作业的位置，应处于坠落半径之外，坠落半径见《建筑施工高处作业安全技术规范》JGJ 80—2016的规定，如表9-6所示，模板、脚手架等拆除作业应适当增大坠落半径。当达不到规定时，应设置安全防护棚，下方应设置警戒隔离区。

坠落半径　　表 9-6

序号	上层作业高度（m）	坠落半径（m）
1	$2 \leqslant h < 5$	3
2	$5 \leqslant h < 15$	4
3	$15 \leqslant h < 30$	5
4	$h \geqslant 30$	6

（2）施工现场人员进出的通道口、处于起重设备的起重机臂回转范围之内的通道，顶部应搭设防护棚。

（3）操作平台内侧通道的上下方应设置阻挡物体坠落的隔离防护措施。

（4）防护棚的顶棚使用竹笆或胶合板搭设时，应采用双层搭设，间距不应小于 700 mm；当使用木板时，可采用单层搭设，木板厚度不应小于 50mm，或可采用与木板等强度的其他材料搭设。防护棚的长度应根据建筑物高度与可能坠落半径确定。

（5）当建筑物高度大于 24m 并采用木板搭设时，应搭设双层防护棚，两层防护棚的间距不应小于 700mm。

（6）不得在防护棚棚顶堆放物料。

9.7 施工现场防火和电、气焊（割）作业安全技术

9.7.1 消防责任

我国消防工作实行预防为主、防消结合的方针。按照政府统一领导、部门依法监管、单位全面负责、公民积极参与的原则，实行消防安全责任制，建立健全社会化的消防工作网络。

根据《消防法》的规定，建筑施工活动中工程承包单位的消防安全职责如下：

（1）落实消防安全责任制，制定本单位的消防安全制度、消防安全操作规程，制定灭火和应急疏散预案。

（2）按照国家标准、行业标准配置消防设施、器材，设置消防安全标志，并定期组织检验、维修，确保完好有效。

（3）对建筑消防设施每年至少进行一次全面检测，确保完好有效，检测记录应当完整准确，存档备查。

（4）保障疏散通道、安全出口、消防车通道畅通，保证防火防烟分区、防火间距符合消防技术标准。

（5）组织防火检查，及时消除火灾隐患。

（6）组织进行有针对性的消防演练。

（7）法律、法规规定的其他消防安全职责。

《消防法》还规定：消防安全重点单位除应当履行上述职责外，还应当履行下列消防安全职责：

（1）确定消防安全管理人，组织实施本单位的消防安全管理工作。

（2）建立消防档案，确定消防安全重点部位，设置防火标志，实行严格管理。

（3）实行每日防火巡查，并建立巡查记录。

（4）对职工进行岗前消防安全培训，定期组织消防安全培训和消防演练。

同一建筑物由两个以上单位管理或者使用的，应当明确各方的消防安全责任，并确定责任人对共用的疏散通道、安全出口、建筑消防设施和消防车通道进行统一管理。

2010年11月6日，国务院办公厅发出《关于进一步做好消防工作坚决遏制重特大火灾事故的通知》（国办发明电〔2010〕35号），要求严格落实消防安全责任制，各单位负责人对本单位消防安全工作负总责。要加大火灾事故责任追究力度，实行责任倒查和逐级追查，做到事故原因不查清不放过、事故责任者得不到处理不放过、整改措施不落实不放过、教训不吸取不放过。

9.7.2 施工现场消防管理要求

1. 基本要求

（1）《消防法》规定：禁止在具有火灾、爆炸危险的场所吸烟、使用明火。因施工等特殊情况需要使用明火作业时，应当按照规定事先办理审批手续，采取相应的消防安全措施，作业人员应当遵守消防安全规定。

（2）进行电、气焊（割）等具有火灾危险作业的人员和自动消防系统的操作人员，必须持证上岗，并遵守消防安全规程。

（3）生产、储存、运输、销售、使用、销毁易燃易爆危险品，必须执行消防技术标准和管理规定。

（4）建筑构件、建筑材料和室内装修、装饰材料的防火性能必须符合国家标准。没有国家标准的，必须符合行业标准。人员密集场所室内装修、装饰，应当按照消防技术标准的要求使用不燃、难燃材料。

（5）任何单位、个人不得损坏、挪用或者擅自拆除、停用消防设施、器材，不得埋压、圈占、遮挡消火栓或者占用防火间距，不得占用、堵塞、封闭疏散通道、安全出口、消防车通道。

2. 施工工地防火安全管理具体要求

（1）工地应当建立消防管理制度、动火作业审批制度和易燃易爆物品的管理办法。

（2）工地应当按施工规模建立消防组织，配备义务消防人员，并组织专业培训和定期演习。

（3）工地应当按照总平面图划分防火责任区，根据作业条件合理配备灭火器材。当工程施工高度超过30m时，应当配备有足够扬程的消防水源，并必须保障畅通的疏散通道。

（4）对各类灭火器材、消火栓及水带应当经常检查和维护保养，保证使用效果。

（5）工地应当禁止吸烟。

（6）各种气瓶应当单独存放，库房应当通风良好，各种设施符合防爆要求。

（7）动火作业现场应当有消防设备和义务消防人员随时施救。

（8）当发生火险工地消防人员不能及时扑救时，应当迅速准确地向当地消防部门报警，并清理通道障碍，查清消火栓位置，为消防灭火做好准备。

9.7.3　施工现场消防管理技术

1. 防火间距

易燃易爆危险品库房与在建工程的防火间距不应小于 15m, 可燃材料堆场及其加工场、固定动火作业场与在建工程的防火间距不应小于 10m, 其他临时用房、临时设施与在建工程的防火间距不应小于 6m。

2. 临时用房防火

（1）办公用房、宿舍的防火设计应符合下列规定:

1）建筑构件的燃烧性能应为 A 级（A 级: 不燃性建筑材料; B1 级: 难燃性建筑材料; B2 级: 可燃性建筑材料; B3 级: 易燃性建筑材料）。当采用金属夹芯板材时，其芯材的燃烧性能等级应为 A 级。

2）层数不应超过 3 层，每层建筑面积不应大于 300m^2。

3）当层数为 3 层或每层建筑面积大于 200m^2 时，应至少设置 2 部疏散楼梯，房间疏散门至疏散楼梯的最大距离不应大于 25m。

4）单面布置用房时，疏散走道的净宽度不应小于 1m; 双面布置用房时，疏散走道的净宽度不应小于 1.5m。

5）疏散楼梯的净宽度不应小于疏散走道的净宽度。

6）宿舍房间的建筑面积不应大于 30m^2，其他房间的建筑面积不宜大于 100m^2。

7）房间内任一点至最近疏散门的距离不应大于 15m, 房门的净宽度不应大于 0.8m; 房间超过 50m^2 时，房门净宽度不应小于 1.2m。

8）隔墙应从楼地面基层隔断至顶板基层底面。

（2）发电机房、变配电房、厨房操作间、锅炉房、可燃材料库房和易燃易爆危险品库房的防火设计应符合下列规定:

1）建筑构件的燃烧性能等级应为 A 级。

2）层数应为 1 层，建筑面积不应大于 200m^2。

3）可燃材料库房单个房间的建筑面积不应超过 30m^2, 易燃易爆危险品库房单个房间的建筑面积不应超过 20m^2。

4）房间内任一点至最近疏散门的距离不应大于 10m, 房门的净宽度不应大于 0.8m。

（3）其他防火设计应符合下列规定:

1）宿舍、办公用房不应与厨房操作间、锅炉房、变配电房等组合建造。

2）会议室、娱乐室等人员密集房间应设置在临时用房的一层，其疏散门应向疏散方向开启。

3. 在建工程防火

（1）在建工程作业场所的临时疏散通道应采用不燃或难燃材料建造，并与在建工程结构施工同步设置，也可利用在建工程施工完毕的水平结构、楼梯。

（2）既有建筑进行扩建、改建施工时，必须明确划分施工区和非施工区。施工区不得营业、使用和居住; 非施工区进行营业、使用和居住时，应符合下列规定:

1）施工区和非施工区之间应采用不开设门、窗、洞口的耐火极限不低于 3h 的不燃烧体隔墙进行防火分隔。

2）非施工区内的消防设施应完好和有效，疏散通道应保持畅通，并应落实日常值班及消防安全管理制度。

3）施工区的消防安全应配有专人值守，发生火情应能立即处置。

4）施工单位应向居住者和使用者进行消防宣传教育，告知建筑消防设施、疏散通道位置及使用方法，同时应组织疏散演练。

5）外脚手架搭设长度不应超过该建筑物外立面周长的1/2。

（3）下列安全防护网应采用阻燃型安全防护网：

1）高层建筑外脚手架的安全防护网。

2）既有建筑外墙改造时，其外脚手架的安全防护网。

3）临时疏散通道的安全防护网。

4. 临时消防设施

（1）施工现场应设置灭火器、临时消防给水系统和临时消防应急照明等临时消防设施。

（2）临时消防设施的设置应与在建工程的施工保持同步。对于房屋建筑工程，临时消防设施的设置与在建工程主体结构施工进度的差距不应超过3层。

（3）在建工程可利用已具备使用条件的永久性消防设施作为临时消防设施。当永久性消防设施无法满足使用要求时，应增设临时消防设施。

（4）施工现场的消火栓（泵）应采用专用消防配电线路。专用配电线路应自施工现场总配电箱的总断路器上端接入，并应保持连续不间断供电。

（5）地下工程的施工作业场所宜配备防毒面具。

（6）临时消防给水系统的贮水池、消火栓（泵）、室内消防竖管及水泵接合器等应设置醒目标识。

5. 灭火器配备

（1）灭火器应设置在位置明显和便于取用的地点，且不得影响安全疏散。

（2）灭火器的类型应与配备场所可能发生的火灾类型相匹配。

（3）灭火器的配备数量应按《建筑灭火器配置设计规范》GB 50140的有关规定经计算确定，且每个场所灭火器数量不应少于2个。

（4）灭火器的配备还应满足下列要求：

1）一般临时设施区，每100m^{2}配备两个10L灭火器；大型临时设施总面积超过200m^{2}的，应备有专供消防用的太平桶、积水桶（池）、黄砂池等器材设施。

2）木工间、油漆间、机具间等，每25m^{2}应配置一个合适的灭火器；油库、危险品仓库，应配备足够数量、种类的灭火器。

3）仓库或堆料场内，应根据灭火对象的特性分组布置酸碱、泡沫、清水、二氧化碳等灭器。每组灭火器不少于4个，每组灭火器之间的距离不大于30m。

6. 用火、用气管理

（1）施工现场用火应符合下列规定：

1）动火作业应办理动火许可证，动火许可证的签发人收到动火申请后，应前往现场查验并确认动火作业的防火措施落实情况，然后再签发动火许可证。

2）动火操作人员应具有相应资格。

3）焊接、切割、烘烤或加热等动火作业前，应对作业现场的可燃物进行清理；作业现场及其附近无法移走的可燃物，应采用不燃材料覆盖或隔离。

4）施工作业安排时，宜将动火作业安排在使用可燃建筑材料施工作业之前进行；确需在可燃建筑材料施工作业之后进行动火作业的，应采取可靠的防火保护措施。

5）裸露的可燃材料上严禁直接进行动火作业。

6）焊接、切割、烘烤或加热等动火作业应配备灭火器材，并设置动火监护人进行现场监护，每个动火作业点均应设置 1 个监护人。

7）5 级（含 5 级）以上风力时，应停止焊接、切割等室外动火作业；确需动火作业时，应采取可靠的挡风措施。

8）动火作业后，应对现场进行检查，并在确认无火灾危险后，动火操作人员再离开。

9）具有火灾、爆炸危险的场所严禁明火。

10）施工现场不应采用明火取暖。

（2）施工现场用气应符合下列规定：

1）储装气体罐瓶及其附件应合格、完好和有效；严禁使用减压器及其他附件缺损的氧气瓶；严禁使用乙炔专用减压器、回火防止器及其他附件缺损的乙炔瓶。

2）气瓶运输、存放、使用时，应符合下列规定：气瓶使用中应保持直立状态，并采取防倾倒措施，乙炔瓶严禁横躺卧放；严禁碰撞、敲打、抛掷、溜坡或滚动气瓶；气瓶应远离火源，与火源的距离不应小于 10m, 并立即采取避免高温和防止暴晒的措施；气瓶应分类储存，库房内应通风良好；空瓶和实瓶同库存放时，应分开放置，两者间距不应小于 1.5m; 燃气储罐应设置防静电装置。

9.7.4　施工现场各类作业防火管理

1. 电、气焊（割）作业

（1）从事电、气焊（割）操作人员，应当经专门培训，掌握焊割的安全技术、操作规程，经考试合格，取得特种作业人员操作资格证书后方可持证上岗。学徒工不能单独操作，应当在师傅的监护下进行作业。

（2）严格执行动火审批程序和制度。操作前应当办理动火申请手续，经单位领导同意及消防或者安全技术部门审查批准后方可进行作业。

（3）动火审批人员要认真负责，严格把关。审批前要深入动火地点查看，确认无火险隐患后再行审批。批准动火应当采取定时（时间）、定位（层、段、档）、定人（操作人、看火人）、定措施（应当采取的具体防火措施）及定责任的办法。

（4）进行电、气焊（割），应当由施工员或者班组长向操作、看火人员进行消防安全技术措施交底，任何领导不能以任何借口让电焊、气焊工人进行冒险操作。

（5）装过或者有易燃、可燃液体、气体及化学危险物品的容器、管道和设备，在未清洗干净前，不得进行焊割。

（6）严禁在有可燃气体、粉尘或者禁止明火的危险性场所焊割。在这些场所附近进行焊割时，应当按有关规定保持防火距离。

（7）遇有 5 级以上大风气候时，应当停止高空和露天焊割作业。

（8）要合理安排工艺和编排施工进度，在有可燃材料保温的部位，不准进行焊割作业。必要时，应当在工艺安排和施工方法上采取严格的安全防护措施。焊割不准与油漆、喷漆、脱漆、木工等易燃操作同时间、同部位上下交叉作业。

（9）焊割结束或者离开操作现场时，应当切断电源、气源。赤热的焊嘴、焊条头等禁止放在易燃、易爆物品和可燃物上。

（10）禁止使用不合格的焊割工具和设备。电焊的导线不能与装有气体的气瓶接触，也不能与气焊的软管或者气体的导管放在一起。焊把线和气焊的软管不得从生产、使用、储存易燃易爆物品的场所或者部位穿过。

（11）焊割现场应当配备灭火器材，危险性较大的应当由专人对现场监护。

2. 油漆作业

（1）喷漆、涂漆的场所应当有良好的通风，防止形成爆炸极限浓度，引起火灾或者爆炸。

（2）喷漆、涂漆的场所内禁止一切火源，应当采用防爆的电器设备。

（3）禁止与电、气焊（割）同时间、同部位的上下交叉作业。

（4）油漆工不能穿易产生静电的工作服。接触涂料、稀释剂的工具应当采用防火花型。

（5）浸有涂料、稀释剂的破布、纱团、手套和工作服等，应当及时清理，防止因化学反应生热，发生自燃。

（6）在油漆作业中应当严格遵守操作规程和程序。

（7）使用脱漆剂时，应当采用不燃性脱漆剂（如TQ-2或840脱漆剂）。若因工艺或者技术上的要求使用易燃性脱漆剂，一次涂刷脱漆剂量不宜过多，控制在能使漆膜起皱、膨胀为宜。清除掉的漆膜要及时妥善处理。

（8）对使用中能分解、发热自燃的物料，要妥善管理。

3. 电工作业

（1）电工应当经专门培训，掌握安装与维修的安全技术，并经考核合格后，持特种作业人员操作证书方可持证上岗。

（2）施工现场暂设线路、电气设备的安装与维修应当执行《施工现场临时用电安全技术规范》JGJ 46。

（3）新设、增设的电气设备，应当经主管部门检查合格后，方可通电使用。

（4）各种电气设备或者线路不应超过安全负荷。保险设备要绝缘良好、安装合格。严禁用铜丝、铁丝等代替保险丝。

4. 木工操作间管理

（1）操作间建筑应当采用阻燃材料搭建。

（2）冬季宜采用暖气（水暖）供暖。当用火炉取暖时，应在四周采取挡火措施；不准燃烧木柴、刨花代煤取暖。每个火炉都要由专人负责，下班时将余火熄灭。

（3）电气设备的安装要符合防火要求。抛光、电锯等部位的电气设备应当采用密封式或者防爆式。刨花、锯木较多部位的电动机应当安装防尘罩。

（4）操作间内严禁吸烟和用明火作业。

（5）操作间只能存放当班的用料，成品及半成品应及时运走。木工做到活完场地清，刨花、锯末下班时要打扫干净，堆放在指定地点。

（6）严格遵守操作规程，对旧木料要经检查，起出铁钉后，方可上锯。

（7）配电盘、刀闸下方不能堆放成品、半成品及废料。

（8）工作完成后应当拉闸断电，并经检查确认无火险后方可离开。

5. 仓库防火管理

（1）严格执行《仓库防火安全管理规则》有关规定。

（2）熟悉存放物品的性质、防火要求及灭火方法，严格按照其性质、包装、灭火方法、储存防火要求和密封条件等分别存放。性质相抵触的物品不得混存。

（3）物品入库前应当进行检查，确定无火种等隐患后方可入库。

（4）库房内严禁吸烟和使用明火。

（5）严禁在仓库内兼设办公室、休息室或更衣室、值班室以及各种加工作业等。

（6）库房管理人员在每日下班前，应当对经管的库房巡查一遍，确认无火灾隐患后，关好门窗、切断电源、方可离开。

9.8 有限空间作业安全技术

9.8.1 有限空间作业种类

有限空间种类很多，大致可归纳为以下3类：

（1）密闭设备：指贮罐、塔（釜）、管道等。

（2）地下有限空间：包括地下管道、地下室、地下仓库、地下工程、暗沟、隧道、涵洞、地坑、废井、污水池（井）、沼气池及化粪池等。

（3）地上有限空间：包括贮藏室、垃圾站、料仓等封闭空间。

9.8.2 有限空间作业安全技术

所有准入者、监护者、作业负责人、应急救援服务人员须经培训考试合格。

应保证所有的准入者能够及时获得准入，使准入者能够确信进入前的准备工作已经完成，准入时间不能超过完成特定工作所需时间（按时完成工作、离开现场，避免由于超时引起的危害）。具体安全措施如下：

（1）按照“先通风换气、再检测评估、后安排作业”的原则，凡要进入有限空间危险作业场所作业，必须根据实际情况事先测定其氧气、有害气体、可燃性气体、粉尘的浓度，符合安全要求后，方可进入。检测的时间不得早于作业开始前30min。

（2）作业过程中应对作业空间进行定时检测或实时检测，而在作业环境条件可能发生变化时，应对作业场所中的危害因素进行持续或定时检测。

（3）确保有限空间危险作业现场的空气质量。正常时氧含量为18%～22%，短时间作业时必须采取机械通风；有限空间空气中可燃性气体浓度应低于爆炸下限的10%。

（4）如果在有限空间内的氧气浓度低于19.5%，那么在进入这些空间之前必须进行通风。将外部新鲜空气吹入此类空间稀释并去除内部污染物，并向内部空间提供氧气。绝对不可以使用纯氧直接为限制场所做通风，应选择洁净的空气作为通风来源。

（5）有害有毒气体、可燃气体、粉尘容许浓度必须符合国家标准的安全要求，如果高于此要求，应采取机械通风措施和个人防护措施。

（6）进入有限空间危险作业场所，可采用动物（如白鸽、白鼠、兔子等）试验方法或其他简易快速检测方法作辅助检测。根据测定结果采取相应的措施，在有限空间危险作业场所的空气质量符合安全要求后方可作业，并记录所采取的措施要点及效果。

（7）当有限空间内存在可燃性气体和粉尘时，所使用的器具应达到防爆的要求。

（8）当有害物质浓度大于IDLH浓度、或虽经通风但有毒气体浓度仍高于《工作场所有害因素职业接触限值第1部分：化学有害因素》GBZ 2.1所规定的要求，或缺氧时，应当按照《呼吸防护用品的选择、使用与维护》GB/T 18664要求选择和佩戴呼吸性防护用品。

（9）进入有限空间作业时，必须要安排专人现场监护。监护人员应掌握有限空间进入人员的人数和身份，对进出人员和工机具进行清点，定时与进入者进行交流以确定其工作状态。当遇到紧急情况时，监护人员一定要寻求帮助。

（10）当发现缺氧或检测仪器出现报警时，必须立即停止危险作业，作业点人员应迅速离开作业现场。

（11）当发现有缺氧症时，作业人员应立即组织急救和联系医疗处理。

（12）在每次作业前，必须确认其符合安全并制定事故应急救援预案。

（13）设置必要的隔离区域或屏障或有限空间作业告知牌。

（14）有限空间的作业一旦完成，所有准入者及所携带的设备和物品均已撤离，或者在有限空间及其附近发生了准入所不容许的情况，要终止进入并注销准入证。

第 10 章　建筑施工生产安全事故调查与处理

10.1　法律法规要求

（1）《安全生产法》第八十三条规定：事故调查处理应当按照科学严谨、依法依规、实事求是、注重实效的原则，及时、准确地查清事故原因，查明事故性质和责任，总结事故教训，提出整改措施，并对事故责任者提出处理意见。事故调查报告应当依法及时向社会公布。事故调查和处理的具体办法由国务院制定。

事故发生单位应当及时全面落实整改措施，负有安全生产监督管理职责的部门应当加强监督检查。

第八十四条　生产经营单位发生生产安全事故，经调查确定为责任事故的，除了应当查明事故单位的责任并依法予以追究外，还应当查明对安全生产的有关事项负有审查批准和监督职责的行政部门的责任，对有失职、渎职行为的，依照本法第八十七条的规定追究法律责任。

第八十五条　任何单位和个人不得阻挠和干涉对事故的依法调查处理。

（2）《建设工程安全生产管理条例》第五十条规定：施工单位发生生产安全事故，应当按照国家有关伤亡事故报告和调查处理的规定，及时、如实地向负责安全生产监督管理的部门、建设行政主管部门或者其他有关部门报告；特种设备发生事故的，还应当同时向特种设备安全监督管理部门报告。接到报告的部门应当按照国家有关规定，如实上报。

实行施工总承包的建设工程，由总承包单位负责上报事故。

《建设工程安全生产管理条例》第五十一条规定：发生生产安全事故后，施工单位应当采取措施防止事故扩大，保护事故现场。需要移动现场物品时，应当做出标记和书面记录，妥善保管有关证物。

《建设工程安全生产管理条例》第五十二条规定：建设工程生产安全事故的调查、对事故责任单位和责任人的处罚与处理，按照有关法律、法规的规定执行。

10.2　生产安全事故定义与特征

10.2.1　生产安全事故的定义

生产安全事故是指生产经营单位在生产经营活动（包括与生产经营有关的活动）中突然发生的。伤害人身安全的健康、损坏设备设施或者造成直接经济损失，导致生产经营活动（包括与生产经营单位有关的活动）暂时中止或永远终止的意外事件。

生产安全事故适用范围仅限于生产经营活动的事故，社会安全、自然灾害、公共卫生事件，不属于生产安全事故。

由于人们的认知和管理水平存在差异，有些安全生产事故可能已经发生，往往被忽视或者未发觉，如生产安全隐患，劳动者工作环境不达标甚至恶劣以及工厂，工地食堂饮食卫生不达标等，都有可能造成人身伤害、身心健康危害或者不同程度的经济损失，使得生产活动不能和谐地开展、顺利地进行，甚至造成不良的社会影响，影响到社会经济发展，社会稳定和社会进步。

10.2.2 生产安全事故特征

事故是一种意外事件，具有一定的特征，掌握这些特征，对我们认识事故，了解事故及预防事故具有指导性作用，概括起来，事故主要有以下四种特征：

（1）因果性

指事故是由相互关系的多种因素共同作用的结果，引起事故的原因是多方面的。在伤亡事故调查分析过程中，找出事故发生的原因，对预防类似的事故重复发生将起到积极作用。

（2）随机性

指事故发生的时间、地点、后果都是偶然的，这就给事故的预防带来一定的困难，但是，事故这种随机性在一定范围内也遵循一定的规律。从事故的统计资料中，我们可以找到事故发生的规律。因此，伤亡事故统计分析对制定正确措施有重大意义。

（3）潜伏性

表面上，事故是一种突发事件，但是事故发生之前有一段潜伏期。事故发生之前，系统（人、机、环境）所处的这种状态是不稳定的，即系统存在着事故隐患，具有潜伏的危险性，一旦诱因出现，就会导致事故的发生。人们应认识事故的潜伏性，克服麻痹心理。在生产活动中，某些企业较长时间内未发生伤亡事故，就会麻痹大意，忽视事故的潜伏性。这是造成重大伤害事故的思想隐患。

（4）可预防性

任何事故，只要采取正确的预防措施，是可以防止的。认识到这一特征，对坚定信心、防止伤亡事故发生有促进作用。因此，必须通过事故调查，找到已发生事故的原因，采取预防事故的措施，从根本上降低伤亡事故发生的频率。

10.3 生产安全事故调查

10.3.1 事故调查组的组成

当前，生产安全事故由人民政府负责组织调查。建设主管部门组织或参与事故的调查组对建筑施工生产安全事故进行调查。

重大事故由国务院或者国务院授权有关部门组织事故调查组进行调查。

重大事故、较大事故、一般事故分别由事故发生地省级、设区的市级人民政府、县级人民政府负责调查。省级人民政府、设区的市级人民政府、县级人民政府可以直接组织事故调查组进行调查，也可以授权或者委托有关部门组织事故调查组进行调查。

未造成人员伤亡的一般事故，县级人民政府也可以委托事故发生单位组织事故调查组进行调查。

根据事故的具体情况，事故调查组由有关人民政府、安全生产监督管理部门、负有安全生产监督管理职责的有关部门、监察机关、公安机关以及工会派人组成，并应当邀请人民检察院派人参加。

10.3.2 事故调查组的职责

（1）对于建筑施工生产安全事故，事故调查组应当履行下列职责：

1）核实事故项目的基本情况，包括项目履行法定建设程序的情况、参与项目建设活动各方主体履行职责的情况。

2）查明事故发生的经过、原因、人员伤亡及直接的经济损失，并依据国家有关法律法规和技术标准分析事故的直接原因和间接原因。

3）认定事故的性质，明确事故责任单位和责任人员在事故中的责任。

4）依照国家有关法律法规对事故的责任单位和责任人员提出处理建议。

5）总结事故教训，提出防范和整改措施。

6）提交事故调查报告。

（2）事故调查组有权向有关单位和个人了解与事故有关的情况，并要求其提供相关的文件、资料，有关单位和个人不得拒绝。事故发生单位的负责人和有关人员在事故调查期间不得擅离职守，并应当随时接受事故调查组的询问，如实提供有关情况。

（3）事故调查中发现涉嫌犯罪的，事故调查组应当及时将有关材料或者其复印件移交司法机关处理。

（4）事故调查中需要进行技术鉴定的，事故调查组应当委托具有国家规定资质的单位进行技术鉴定。必要时，事故调查组可以直接组织专家进行技术鉴定。

10.3.3 事故调查组的程序

生产安全事故的调查处理应该依据以下程序进行：

（1）搜集现场物证、认证材料或其他事实材料等。

（2）对现场进行拍照、摄像取证。

（3）进行事故调查问询笔录。

（4）事故原因分析。

（5）认定事故性质、责任单位、责任人。

（6）对事故责任单位、责任人提出处理建议。

（7）总结事故教训，提出防范和整改措施。

（8）提交事故调查报告。

10.3.4 事故调查报告

（1）事故调查报告的内容

1）事故发生单位概况。

2）事故发生经过和事故救援情况。

3）事故造成的人员伤亡和直接经济损失。

4）事故发生的原因和事故性质。

5）事故责任的认定以及对事故责任者的处理建议。

6）事故防范和整改措施。

7）事故调查报告应当附具有关证据材料。事故调查组成员应当在事故调查报告上签名。

（2）事故调查的期限

事故调查组应当自事故发生之日起60日内提交事故调查报告；特殊情况下，经负责事故调查的人民政府批准，提交事故调查报告的期限可以适当延长，但延长的期限最长不超过60日。事故调查中需要进行技术鉴定的，技术鉴定所需的时间不计入事故调查期限。

事故调查报告报送负责事故调查的人民政府后，事故调查工作即告结束。事故调查的有关资料应当归档保存。

10.4 生产安全事故处理

10.4.1 事故调查报告的批复

重大事故、较大事故、一般事故，负责事故调查的人民政府应当自收到事故调查报告之日起15日内做出批复；特别重大事故，30日内做出批复，特殊情况下，批复时间可以适当延长，但延长的时间最长不超过30日。

10.4.2 法律责任

事故发生单位主要负责人有下列行为之一的，处上一年年收入40%～80%的罚款；属于国家工作人员的，并依法给予处分；构成犯罪的，依法追究刑事责任：

（1）不立即组织事故抢救的。

（2）迟报或者漏报事故的。

（3）在事故调查处理期间擅离职守的。

10.4.3 处罚细则

（1）事故发生单位及其有关人员有下列行为之一的，对事故发生单位处100万元以上500万元以下的罚款；对主要负责人、直接负责的主管人员和其他直接责任人员处上一年年收入60%～100%的罚款；属于国家工作人员的，并依法给予处分；构成违反治安管理行为的，由公安机关依法给予治安管理处罚；构成犯罪的，依法追究刑事责任：

1）谎报或者瞒报事故的。

2）伪造或者故意破坏事故现场的。

3）转移、隐匿资金、财产，或者销毁有关证据、资料的。

4）拒绝接受调查或者拒绝提供有关情况和资料的。

5）在事故调查中作伪证或者指使他人作伪证的。

6）事故发生后逃匿的。

（2）事故发生单位对事故发生负有责任的，依照下列规定处以罚款：

1）发生一般事故的，处 10 万元以上 20 万元以下的罚款。

2）发生较大事故的，处 20 万元以上 50 万元以下的罚款。

3）发生重大事故的，处 50 万元以上 200 万元以下的罚款。

4）发生特别重大事故的，处 200 万元以上 500 万元以下的罚款。

（3）事故发生单位主要负责人未依法履行安全生产管理职责，导致事故发生的，依照下列规定处以罚款；属于国家工作人员的，并依法给予处分；构成犯罪的，依法追究刑事责任：

1）发生一般事故的，处上一年年收入 30% 的罚款。

2）发生较大事故的，处上一年年收入 40% 的罚款。

3）发生重大事故的，处上一年年收入 60% 的罚款。

4）发生特别重大事故的，处上一年年收入 80% 的罚款。

（4）有关地方人民政府、安全生产监督管理部门和负有安全生产监督管理职责的有关部门有下列行为之一的，对直接负责的主管人员和其他直接责任人员依法给予处分；构成犯罪的，依法追究刑事责任：

1）不立即组织事故抢救的。

2）迟报、漏报、谎报或者瞒报事故的。

3）阻碍、干涉事故调查工作的。

4）在事故调查中作伪证或者指使他人作伪证的。

（5）事故发生单位对事故发生负有责任的，由有关部门依法暂扣或者吊销其有关证照；对事故发生单位负有事故责任的有关人员，依法暂停或者撤销其与安全生产有关的执业资格、岗位证书；事故发生单位主要负责人受到刑事处罚或者撤职处分的，自刑罚执行完毕或者受处分之日起，5 年内不得担任任何生产经营单位的主要负责人。

为发生事故的单位提供虚假证明的中介机构，由有关部门依法暂扣或者吊销其有关证照及其相关人员的执业资格；构成犯罪的，依法追究刑事责任。

（6）参与事故调查的人员在事故调查中有下列行为之一的，依法给予处分；构成犯罪的，依法追究刑事责任：

1）对事故调查工作不负责任，致使事故调查工作有重大疏漏的。

2）包庇、袒护负有事故责任的人员或者借机打击报复的。

（7）违反本条例规定，有关地方人民政府或者有关部门故意拖延或者拒绝落实经批复的对事故责任人的处理意见的，由监察机关对有关责任人员依法给予处分。

（8）事故处理

对发生的建筑施工生产安全事故，建设主管部门应当依据有关人民政府对事故的批复和有关法律法规的规定，对事故相关责任者实施行政处罚。对因降低安全生产条件导致事故发生的施工单位给予暂扣或吊销安全生产许可证的处罚；对事故负有责任的相关单位给予罚款、停业整顿、降低资质等级或吊销资质证书的处罚。对事故发生负有责任的注册执业资格人员给予罚款、停止执业或吊销其注册执业资格证书的处罚。

第 11 章　国内外建筑安全生产管理经验

从世界范围来看，建筑业都属于最危险的行业，事故发生率远远高于其他行业平均水平。为了有效减少并降低伤亡事故率，世界上很多国家都相继建立了适合本国国情的建筑安全政策、法规及管理体系，通过在法律框架下政府对建筑业的管理，有效地降低了伤亡事故的发生率，取得了显著的成效。借鉴发达国家的先进经验，是迅速提高我国建筑安全生产水平的一个重要途径。每一个国家建筑安全的现状和发展都与其历史文化传统、经济发展以及技术管理水平有着十分密切的关系。研究和了解各国的不同做法和特点，有利于我们更深入和全面的理解建筑安全管理的目的与意义，有利于我们在汲取经验和教训的基础上探索自己的发展道路，但由于各国的政治经济体制和历史文化背景都有很大的差别，在运用国外的建筑安全管理的实践经验和成果时，应谨慎分析中国国情和目前建筑安全生产的实际。

11.1　各国建筑业安全法律法规

11.1.1　美国《职业安全与健康法》（OSHACT）摘要

美国于 1970 年颁布的《职业安全与健康法》（Occupational Safety and Health Act，OSHAct）是美国第一部在全国实行的专门针对职业安全与健康的法律，也是现有的职业及建筑安全与健康法规体系的核心。它是美国职业安全与健康管理局（OSHA）进行安全与健康管理的法律依据。该法令的宗旨是通过执行在该法令基础上发展起来的各项标准，帮助并鼓励各州作出努力以确保安全与健康的工作环境，为职业安全与健康领域提供科学研究、情报资料和教育培训，来保证全国每个劳动者的安全与健康。

在所有的 OSHA 标准中，与建筑安全监督管理关系密切的包括 29CFR1903：检查、起诉和惩罚; 29CFR1904：记录与汇报职业伤害与疾病; 29CFR1910：一般行业中的第十二部分建筑工程; 29CFR1926：建筑安全与健康法规。其中，29CFR1926 作为建筑安全与健康标准，分为 26 个部分。从一般的安全健康规定，到环境控制、个人防护用品和急就工具、火灾预防、标识和遮挡、材料处理和堆积等建筑施工的各个环节，都规定了详细的关于建筑施工的各项细则。

（1）工地现场检查

1）检查的权力

美国安全与健康局（OSHA）官员有依照 OSHACT 对作业现场进行检查的权力，在向雇主出示相关证件后，官员有以下权力:

① 在任何合理的时间内，不受阻拦地进入任何工地以及周围的环境，进行安全与健康的检查。

② 在一般的工作时间和合理的时间内，以合理的方式检查和调查雇主的作业场所、

工作条件和环境、建筑、机械、设备、仪器；并可私下询问雇主、业主、操作人、雇员和代理人。

2）检查的程序

检查可基于调查一起事故或雇员对现场工作安全状况的“抱怨”而进行。

① 检查前不通知雇主，检查官员也不能把检查的消息告诉雇主。此外，也有事先通知的检查，但检查的通知只能在检查前不超过 24 小时内送达雇主。

② 检查前的准备会议：在会上检查官员首先说明为什么挑选此项目作为检查对象；然后官员确认此项目是否得到过 OSHA 的咨询，是否有“执行变更”的豁免权等，如符合其中一项，则检查到此结束。否则，官员接着介绍此次检查的目的、范围、内容和参照的标准，并向雇主提交一份参照标准、规范的副本以及雇员对现场健康与安全方面的不满和意见。

③ 现场检查：由一位雇员代表陪伴官员进行检查工作，但代表并不陪伴官员完成每个检查。在没有代表陪伴时，官员要与许多其他雇员交流现场安全与健康方面的问题，交流要最大限度地不影响工作。准备会议结束后由官员决定检查的路线和方式。可以查阅各种记录、拍照和使用工具，但不能泄露商业机密。官员将检查关于健康和安全的记录以及是否认真完成 OSHANO.200《工伤和职业病的记录和总结》有关公告的事项。

如在检查过程中，官员发现了安全与健康隐患，将向雇主提出，并对雇主的要求提出相应的改正措施和方法。如现场发现明显违反标准的问题，官员将在现场指导改正，但即使已改正，官员也要记录下违规行为作为以后法律处理的依据。

④ 总结会议：完成所有的检查后，将召开由官员、雇主、雇员参加的总结会议。在会上，讨论存在的问题及解决途径。官员将向雇主提出在检查中发现的明显的违规情况以及雇主可能会承受的公诉，并会详细告诉雇主他有怎样的上诉权，可得到的资料和上诉的程序，但不会暗示雇主任何可能受到的处罚。

最后，官员会告诉雇员 OSHA 的各办事处能提供的各种服务，包括咨询培训以及安全与健康方面的技术。

3）罚则

① 不很严重违规：直接影响安全与健康但不会造成死亡和重伤，处以 60 ～ 7000 美元罚款。

② 严重违规：直接影响安全与健康而且极可能会造成死亡和重伤，处以 7000 美元罚款。

以上两项依据雇主的改正态度、违规记录和业务规模可有一折减。

③ 故意违规

A. 每种违规处以 5000 ～ 7000 美元罚款，依据雇主改正的态度，违规记录和业务的规模可有一定折减。

B. 如有意违规造成雇员死亡，依靠法庭的处理办理，承受罚款或者判刑，或者两者兼有之。雇主若是个人，罚款最高额为 25 万美元，雇主是企业的为 50 万美元，还可能有刑事处分。

a. 再犯：如在雇主的违规记录中发现类似的违规情况，则视为“再犯”。每种“再犯”可能会被处以 1 万美元罚款而且上诉的可能性很小。

b. 未改正违规情况：如判决后仍不改正，则每天都会被处以 7000 美元罚款。

c. 篡改记录：处以1万美元罚款或半年监禁或两者兼而有之。

d. 违反公告要求：处以7000美元罚款。

e. 攻击检查官员或阻止、反对，妨碍以及干涉官员的工作，处以5000美元罚款，以及3年以下监禁。

（2）健康和安全记录及报告

1）概述

任何雇佣11人以上的雇主都要保持连贯的工伤和职业病记录。

工伤包括在工作中或在现场作业环境中造成的抽筋、扭伤、割伤、骨折或截肢等。职业病包括除了工伤以外的因不寻常的作业环境而造成的各种疾病，例如由于接触、直接呼吸各种有毒物质引起的过敏和急慢性疾病。

只要发生1人以上（包括1人）死亡以及5人以上的住院事故都需要向OSHA办事处报告。

每个机构（即项目）都要对工伤及职业病作相关记录。参与此项目的单位可能有几十个，但它仍是一个机构，记录以年为时间单位。记录不必送OSHA，但在雇主处保存5年以上，当检查官员需要时随时出示。

2）工伤和职业病记录要求

① 必须记录的情况

A. 职业病：只要是职业病就必须作记录。

B. 工伤：出现以下情况必须记录：

a. 死亡：无论受伤和死亡间隔时间多长，只要由于此项受伤引起死亡，就必须作记录。

b. 由于工伤导致1天不能工作。

c. 由于工伤使得行动和工作受到限制。

d. 失去知觉。

e. 由于工伤需转作其他工种。

f. 必须接受医疗护理。

② 记录的格式

A. OSHANO.200《工伤和职业病记录和总结》必须在事件发生后的6个工作日内记录完毕。

B. OSHANO.101《工伤和职业病的补充记录》是有关工伤和职业病所有的详细记录。也必须在事件发生后的6个工作日内记录完毕。

3）年度审查

每年年底OSHA向所有被选入参加年度统计调查的机构（项目）发出通知要求提供记录报告，这些项目的雇主，应根据OSHANO.200提交相应的记录报告。

4）要求进行公告

OSHANO.200的末页是工伤和职业病的总计及相关的统计分析。雇主必须在次年的2月1日前，把该页的复印件张贴公告，并保持到3月1日，应使所有雇员都能方便地看到公告。即便上一年的工伤和职业病总数为0也要公告。

5）记录的查询

所有雇员都有权向雇主查询有关危险物品的记录以及他们自己的健康检查结果的记录。

（3）雇主的义务及权利

1）义务

① 雇主应向工人提供不致造成工人死亡或严重伤害的工作场所，此外工作场所应符合标准、法规的要求。

② 雇主应熟悉 OSHA 的强制性法规并向工人提供复印件。

③ 雇主应向工人提供有关 OSHA 的信息。

④ 对工作地点条件进行研究，以确信工作地点条件符合现行标准的要求。

⑤ 消除或减少危险。

⑥ 确信工人拥有并使用安全的工具及设备，包括个人防护设备，并且确信这些设备被正常保管及运转。

⑦ 使用有颜色的标志，向工人提出关于潜在危险的警告。

⑧ 制定或修订操作程序并向工人传达，以使工人遵守安全和卫生要求。

⑨ 当 OSHA 标准提出要求时，向工人提供体检。

⑩ 当出现死亡事故或导致 5 个及 5 个以上工人住院治疗时，向最近的 OSHA 办公室报告。

⑪ 对于雇用 11 人及 11 人以上的雇主，保存有关 OSHA 所要求的工伤和职业病记录，并于每年 2 月将抄件邮寄。

⑫ 在工作地点的显著位置张贴 OSHA 宣传画以向工人提供有关他们的权利和责任的信息。

⑬ 在合理的时间以合理的方式，向工人及工人代表提供使用工伤及职业病表格及汇总表的方法。

⑭ 通过向 OSHA 官员提供已被批准的工人代表的名单而实现和 OSHA 的合作。在 OSHA 官员视察时可能要求有工人代表陪同。

⑮ 不得歧视依法正确行使他们权利的工人。

⑯ 在工作地点或接近工作地点的地方，张贴 OSHA 的传票或抄件，直至已改正违反法规的做法。

⑰ 在规定的期间内改正已公布的违反法规的行为。

2）权利

① 向最近的 OSHA 办事处提出书面的咨询申请。

② 积极参与产业协会有关健康与安全问题的讨论。

③ 在有通知的检查之前有权得到通知并知道大致的要求。

④ 在检查官员检查时有权参加检查前或检查后的会议，有权陪伴官员检查，有权得到官员的建议。

⑤ 有权在收到起诉书的 15 天内向最近的 OSHA 办事处抗辩。

⑥ 有权申请临时的或永久的“执行变更”。

⑦ 积极参与 OSHA 委员会有关安全与健康的讨论，为提高安全与健康水平而提出在规范及制度方面的改进意见。

⑧ 有权保证自己机构（项目）的商业机密在受到检查或咨询后不会被泄露出去。

⑨ 向国家安全与健康研究所（NIOSH）提交申请，询问自己的机构（项目）是否受

到有毒物质的干扰。

（4）雇员的权利和义务

1）义务

① 阅读现场 OSHA 的告示。

② 遵守 OSHA 所有的有关规范。

③ 遵守雇主的健康与安全管理规章条例，在现场作业时佩带安全防护设施。

④ 向主管报告潜在的危险。

⑤ 及时向雇主报告工伤及职业病，并及时进行适当的处理。

⑥ 在检查官员问到具体的安全与健康方面的问题时，应配合官员工作。

2）权利

① 有权监督检查雇主应准备的 OSHA 的规范、标准、以及雇主应遵守的要求;

② 有权向雇主索要作业区内的安全与健康隐患的信息、预防措施以及发生意外事件时的处理程序;

③ 在健康与安全方面得到充分的培训和信息;

④ 如雇员认为自己作业的现场有安全与健康方面的隐患，有权要求 OSHA 的官员对此情况进行调查。在向 OSHA 书面报告上述情况时，雇员有权不使雇主知道自己的姓名;

⑤ 有权要求自己所选举的代表陪伴检查官员进行检查;

⑥ 有权要求参加检查后的会议。

（5）OSHA 的咨询服务

OSHA 的咨询服务免费帮助雇主建立和完善旨在预防的安全与健康管理体系。咨询的范围包括机械系统，现场的作业环境和作业程序等所有和安全与健康有关的方面。雇主还能得到培训和教育的服务。所有的咨询服务都是应雇主要求而提供的。在进行咨询时，发现雇主的违规行为不会对雇主处以惩罚，而且咨询员有义务为雇主保密。获得过咨询的机构（项目）在改正了违规行为并建立和贯彻了安全与健康的管理体系后，还有可能得到一年免受检查的权利。

11.1.2 英国有关安全与健康法规

英国现行的职业安全与健康法律法规和技术标准体系是自 1974 年《劳动健康安全法》（Health and Safety at Work Act，HSW Act）颁布开始逐渐引入的。该法令被认为是英国职业安全和健康的一个分水岭。它反映了 1972 年 Robens 报告的部分建议，鲜明提出了“谁造成工作中的危险，谁就要负责对工人和可能被波及的公众的保护”的观点。该法案还指明 1974 年之前通过的法律应逐渐由新的法规体系所取代。在随后的几十年发展过程中，英国逐渐形成一套比较灵活的职业安全和健康的法律体系。这套体系以《劳动健康安全法》为核心，行政法规提出目标和原则，而官方批准的实践规范和指南则给出了具体的实施方法和手段。

在这些行政法规中，和建筑业关系非常密切的主要是以下三部条例:

（1）《工作安全与健康管理条例》（Management of Health and Safety at Work）（1992年颁布）

《工作健康与安全管理条例》，又称为管理条例。该条例来源于欧盟 1989 年通过的

《工作健康与安全指示（框架）》（Health and Safety at Work Directives 89/391（Framework））。它规定了雇主和雇员的安全责任，尤其要求雇主进行谨慎的风险评估。对雇主责任的具体规定：

1）对雇员及其他可能受项目影响的第三方所面临的风险进行正确的估计和评价，为采取预防和保护措施作准备。拥有5名以上雇员，则必须记录风险评估中发现的重要信息。

2）保证风险评估后的预防和保护措施的有效贯彻执行。安全与健康管理的步骤包括计划、组织、控制、领导和检查。

3）只要通过风险评估确认是必要的，雇主应设立适当的雇员健康监督职位。雇主应指定合格人员执行《工作健康安全法》中各项义务。

4）设立紧急事件的处理程序。

5）向雇员及临时雇员提供有关安全与健康方面相关信息。

6）保证雇员在安全与健康方面受到充分培训。

7）应依照培训和指导书的要求向雇员提供合适的设备、报告危险场所、报告安全与健康安排中的缺点和弊病。

8）在同一现场工作时，应与其他的雇主协作，共同执行必要的预防和保护措施。

（2）《建筑（设计与管理）条例》

该条例来源于欧盟的《临时或移动建筑工地最低安全健康要求指示》（The implementation of minimum safety and health requirements at temporary or mobile construction sites）EEC92/57。

该条例是针对《工作健康与安全管理条例》在建筑业方面有关雇主、计划总监、设计者和承包商的责任和义务进行的补充和完善。针对安全与健康，该条例重新规定了雇主、计划总监（planning supervisor）、设计师和承包商应承担的责任和义务，并对影响项目的各个方面、从项目立项到交付使用的各个阶段，详细地阐述了各方的具体责任和义务。它主要有以下一些基本原则：

应该从建设项目开始阶段就一步一步地、系统地考虑安全问题；建设项目上的所有人员都应该对安全与健康有所贡献；从项目开始阶段就应当对安全与卫生管理进行适当的规划和合作；对项目安全问题的规定和控制应当由可以胜任的人员完成；应当保证项目所有参与方的充分交流和信息共享；对于安全和健康信息必须做正式记录以备将来使用。

该条例要求业主在项目施工活动开始之前，必须任命一名计划总监（planning supervisor）并将被任命的计划总监的相关信息告知HSE；计划总监必须准备一份招标前的健康与安全计划（pretender health and safety plan）；业主可与设计机构讨论合适的计划总监的人选。此外，在现场施工过程中，如果现场有两个或多个承包商，业主必须任命一个主承包商（prime contractor），该承包商必须负责准备一份项目施工中的健康与安全计划（construction phase health and safety plan）。

该条例第一次对设计（Designer）提出了安全健康方面的法律责任。设计有4个方面的法律责任：

1）使业主明白其相应的安全与健康责任（如上所述）。

2）在设计时合理的考虑健康与安全。

3）为相关人员提供足够的与设计相关的安全与健康风险;

4）配合计划总监以及其他相关人员（如其他设计者）。

（3）《建筑（健康、安全和福利）条例》

该条例旨在通过对雇主及所有影响工程施工各主体的法律约束，保护建筑工人和可能受工程影响的人员的安全。该条例对现场的卫生与生活条件作了比较多的规定，其中特别强调了两个以上雇主在同一个施工现场工作时，必须相互确认其各自所承担的责任和义务。这一点特别适用于建筑业多个承包商共同工作的特点，比如总包商很容易忽视其脚手架分包商的搭建和拆除工程的安全控制。

2005年英国在欧盟的临时高处工作指令（the EC Temporary Work at Height Directive（2001/45/EC））的基础上，制定了一部新的条例—《高处工作条例》（Work at Height Regulations）。该条例从原则上规定了高处工作时，相关责任人的职责：所有在高处的工作都经过必要的准备；需考虑天气因素可能带来不利于安全健康的影响；所有在高处工作的人员都经过了适当的培训等。

11.2 国外建筑施工实现“零事故率”目标的经验

1993年美国建筑业协会（CII）提出迈向“零事故率”的目标的号召后，国外建筑业在施工工地上已使用的最成功的方法总结出170条关键安全管理措施及方法，以帮助业主及承包商在工地上实现“零事故率”。在这些安全管理措施中，最有影响的是以下8个要素，下面进行归纳阐述。

11.2.1 项目实施前制定安全计划

发达国家的建筑企业非常重视施工过程中的安全计划。一般而言，根据施工过程的进展情况，对现场未来可能存在的隐患进行分析，因此又称为危险源分析或风险分析。有些企业开始采用一些定量的工具，对在哪些部位容易发生事故，事故发生的可能性、事故造成的危害大小、如何进行预防等措施进行定量打分，对超过允许范围的活动就要考虑相应的替代措施或进行额外的安全防护，一般包括以下具体内容：

（1）对所有新从事的过程全面进行危险性分析。

（2）认真实施工作前现场危险性评估计划，并要求所有工人班组在每天的工作前，识别危险评估表上签字。

（3）在某些项目尝试召开工作前安全会议。

（4）某些工地由技工制订工作前安全计划而不是由工长制订。

11.2.2 全员参与安全教育培训

发达国家的建筑企业普遍认为：培训是一个企业安全体系的核心内容之一。公司在其安全方针中应该明确最低限度的安全培训要求，特别是对那些新工人。对一个工人的安全培训，至少应该包括以下内容：国家安全法规；企业安全政策；企业安全管理制度；安全操作规程;高风险的工作或活动;急救、防火等。对于工人以及各级管理部门进行安全教育，是任何安全计划的重要组成部分，主要内容如下：

（1）应对顶层及中层管理部门进行安全基本原理的教育，以及有效的事故预防计划的迫切需要性的教育，事故成本也应引起管理部门的注意。大中型企业的顶层管理部门不必关心事故预防的详细机理，但必须对于基本原理有充分的认识，以使其能主动地支持安全部门及中下层管理部门实施安全计划。

（2）对安全视察员进行广泛的教育和训练，使其了解他们对于预防事故负主要的责任。

（3）每个安全视察员对于他所负责的工人进行安全训练。训练方式可以是对个别人员进行训练或定期地在工作地点召开安全会议。通过这样的做法，加强安全视察员和工人之间的结合。此外，由安全视察员对工人进行教育训练，而不是由安全管理部门进行，这样做可以避免发生安全管理部门对于工人训练的内容和安全视察员逐日对工人教育内容之间的矛盾。安全会议的内容应包括：如何预防事故、事故的原因、良好辅助工作的重要性，运输安全、急救、机械伤害、防火、个人防护设备的使用等。

（4）对工人进行安全教育的主要目标是：

1）提高安全意识。

2）使每个工人在自己工作中实施安全作业。

11.2.3　安全绩效评价与奖惩制度

发达国家（如美国、英国等）的安全绩效评价指标包括所谓先行指标（leading indicator）和延迟指标（lagging indicator）。政府通常要求企业保持事故的相关记录并报告给政府，从而采用事故数量和比例等延迟指标来进行安全绩效评价。在发达国家，除了采用事故数量、比例等延迟指标来评价项目的安全绩效之外，也有建筑企业采用包括隐患、不安全行为等先行指标来进行安全绩效评价。如某建筑公司，开始对现场工人的不安全行为进行记录并且采取干涉手段降低工人不安全行为的发生比例。在学术界基于行为的安全研究（Behavior Based Safety，BBS）也正在成为学术界关注的重点。

多数公司同意，对于工人的安全表现进行鼓励及奖赏可以影响工人的行为。因此即使这样做使成本增加也是值得的。发达国家的建筑企业不管是对于个体的工人，还是班组和项目，都根据其安全表现给予相应的奖惩。安全奖惩对于降低企业的事故来说至关重要，如美国的 Levitt 曾经对旧金山湾区的承包商做过研究，发现那些安全奖惩的制度覆盖面越广的企业，其总可记录事故率越低。

11.2.4　重视事故调查

所有公司都认为，事故调查对于改进安全管理是重要的。事故调查可提供有意义的信息，使用这些信息可有效地减少甚至消除可预见的危险性。安全视察员对于事故进行调查，以查明事故并且确定为了避免事故再发生应采取什么特定的补救措施。除了安全视察员对事故进行调查外，施工企业的安全管理部门也应对事故进行更深入细致的调查。安全部门应定期地对已发生的工伤事故进行汇总，并且按现场、部门、工作班、事故原因、工伤类型、是否残废等区分工伤事故。通过对逐年工伤事故统计记录的比较，以及对于需要进一步采取管理行动的评价，查明在哪些方面必须做进一步努力，以改善安全状况。一些公司在这方面的改进是：

（1）对项目管理人员以及工长进行事故调查训练及根本原因分析训练。

（2）较高的管理层也参加事故调查，组织一组人员进行事故调查而不是仅由一个人进行。

（3）一些公司采用友善的方式进行事故调查，以取得有价值的信息。

（4）在事故调查时集中于寻找事实，而不是寻找错误。

（5）增加工人参加调查的力度，并且建立在工作地点对工人建议进行跟踪的体系。

（6）改进事故调查报告的编制，采用正式的书面报告，公司董事长对于所有导致工作时间损失的事故的调查进行领导，并对每个可记录的事件进行评议。

11.2.5 改进分包商的安全管理

发达国家建筑业的分包现象相当普遍，房屋建筑的分包商甚至能完成工程量的80%～90%。发达国家的建筑企业对分包商的安全与健康管理一般是要求纳入总包商的管理，甚至在某些国家的法律中有强制性的要求，如英国要求所有的工地都必须指定一个计划总监，负责把所有的分包商纳入整个总包商的安全与健康管理的范围之内。但是，由于一般项目规模比较大，而且分包商种类比较多，因此分包商的安全问题是发达国家建筑企业面临的一个大问题。

分包商的责任是执行安全管理，以满足总包商的要求及OSHA标准中规定的安全计划，但是不是所有的分包商都了解安全的重要性，某些分包商从未采取措施以提高工作环境安全水平。这样往往使总包商处于棘手的地位。因此人们开始把注意力集中于使分包商从事安全管理及工人参与安全管理的议题上。

11.2.6 在设计中考虑施工安全

众所周知，设计工程师在工程项目设计过程中应认真考虑安全性，保证工程项目在其寿命期的使用过程中将不危及人身及财产安全，也不至于损害人们的健康。近来英国对设计工程师在安全性的考虑方面提出更广泛的要求：即在工程项目设计时，要考虑施工人员的安全。由于设计工程师在工程项目中起关键作用，必须考虑从事施工、修理、维护人员的安全及健康，甚至考虑如何拆除建筑物（构筑物），例如：

（1）英国的统计资料表明，1995～1996年期间，工地伤亡事故中的56%是人员从高处坠落。所以设计工程师应考虑（如有可能）尽量采用在地面上预制并组装好的构件以减少高空工作，从而降低从高处坠落的风险。

（2）装配式结构潜在危险，在完工时墙体是稳定的，但在安装过程中可能处于不稳定状态。传统的情况是将此问题留给承包商或施工安装人员去解决，这是不正确的。设计工程师在图纸说明及详图中应提醒承包商，建议应设置临时支撑，规定支撑位置及应保留时间。又如，设计工程师在检查结构装配详图时，应审核详图设计中采用的原理及结构节点实际可能承受的荷载，例如在钢结构处于正常使用条件时，采用两个固定螺栓永久固定即可满足要求。但在安装过程的临时固定阶段（尤其在角柱）两个螺栓可能满足不了要求。应使制造者及安装者了解此问题并采取必要的措施。

（3）油漆是一种有害源，设计工程师在指定油漆时，应选择对人体危害较小的油漆品种。如达不到此要求，应在健康及安全文件中记录下来，以使承包商对此有所了解，并提出健康防范措施的建议。

11.2.7　发挥安全中介服务机构作用

安全中介服务机构是指具备特定资质，经过政府许可为生产企业提供安全方面的中介服务的专业机构（或个人）。各发达国家和地区的安全中介服务机构以不同的形式出现。在有些国家和地区，安全中介服务机构是市场化机构，以事务所、有限责任公司的形式出现；而在另一些国家和地区，安全中介服务是由非市场化的机构提供的。如德国的行业联合会就可被视为专业的安全中介服务机构，它从企业收取保险费，并将保险费的一部分用于为企业提供咨询和培训。

目前中国香港地区比较成熟的安全主任制度在实践中发挥了较好作用。安全主任是对建筑企业自身安全管理机构的有效补充，它直接受企业雇佣，参与项目的安全管理。以中国香港为例，在《工厂及工业经营（安全主任及安全督导员）规例》中规定，超过（含）100 名的工地必须雇佣一名全职的注册安全主任。注册安全主任资质必须向香港地区的职业安全健康局申请才能取得，而且必须具备相关专业的学历或证书方能被批准。由于安全主任实行的是派驻制，它自身不是企业的长期雇员，而它为自身的资质考虑，必须积极地推动项目的安全管理，因此它是对项目自身安全管理机构的有效补充，特别是对安全意识不强的项目。

11.2.8　营造良好安全文化氛围

安全文化目前在发达国家和地区中非常受重视。这和发达国家和地区的安全管理的发展是息息相关的。发达国家和地区的安全管理大概可以划分为三个阶段：

第一阶段主要通过完善相关的法律法规，规范安全生产的过程，降低事故率。

第二阶段开始关注企业的自身安全管理在提高安全水平中的作用，试图通过有效的系统安全管理方法减少事故的发生。

第三阶段的关注点主要在人。在这个阶段，工业界的管理者和实践者发现，通过加强安全管理，确实可以使得企业安全绩效得到提高，但提高到一定程度以后，安全绩效便停滞不前。

所以，安全文化和安全氛围逐渐受到重视。政府和工业界都逐渐认识到，只有通过改变“人”对安全的态度和认知，才能够进一步提高安全绩效。因此发达国家和地区目前在安全文化方面的学术研究和工业实践都非常多，政府也采取各种的手段促进安全文化的改善。

为改善企业的安全文化，发达国家的政府往往采取两方面的手段：一方面，他们通过提供各种咨询、培训和教育等提升企业的安全水平（这些咨询、培训和教育往往都是无偿的）；另一方面，他们组织企业参与各种安全促进活动，改善企业的安全理念和安全文化。下面进行详细的介绍。

HSE 每年发布大量的指南和出版物进行安全和健康方面的宣传和教育。在全国建筑科的 2004/05 年度的工作计划里面，有一项“促进提供培训者的一致参与”，提出要促进诸如 CIOB、ICE 等专业机构和研究机构在安全培训方面的参与。但有专家认为，HSE 对建筑业专业人员的培训仍然不够，如 HSE 知道土木工程师在本科教育中没有接受任何安全方面的培训，但是却无法改变这种状况。

OSHA也很重视通过针对雇主和雇员的教育和培训而增强工作现场的安全意识。包括增加对工人的培训机会、增加基于计算机的培训和远程教育、发展和发布适于中小企业的培训和参考材料等。OSHA有超过70个全时服务的实地办公室，提供许多种信息服务，如出版物、技术建议、视听辅助材料和高级讲师。OSHA也通过各种宣传渠道和推广活动促进人们的安全意识。OSHA除了向全社会提供很多印刷宣传品之外，还非常注意对于网络资源的合理利用，使得雇主和工人容易通过网络得到相应的安全与健康信息和材料。

此外，英国和美国还经常组织一些安全促进活动。如英国广泛实施的WWT（Working Well Together）运动，美国的VPP（Voluntary Protection Program）运动和SHARP（Safety and Health Achievement Recognition Program）运动等，下面对此分别进行一些介绍：

WWT最早是由HSC的建筑业咨询委员会（CONIAC）为了提高整个建筑业的安全标准而提出的，到现在已经发展成为了英国建筑业最大的安全与健康促进运动，它并非一个官方的运动。该运动希望通过改进以下四方面来促进安全与健康水平的提高：

承诺（commitement）：提高建筑安全标准。

胜任（competence）：保证每一方都经过适当的安全与健康培训并可以胜任其工作。

合作（cooperation）：建立互相信任的伙伴关系，然后一起找出应该做的工作并完成。

交流（communication）：保证项目内部从工人到项目经理之间的信息能够充分交流。

参加WWT运动完全是免费的，而且如果表现好的话，还可以获得经济上的奖励。（由于这四方面的英文的首字母都是C，因此又称为4C Award）。在2004年的建筑业WWT运动中，英国响应欧盟的“安全健康周”的号召，进行了大规模的路演（roadshow）。活动包括参观全国的建筑工地（特别是中小型工地），设立安全和健康意识日等活动。

VPP（Voluntary Protection Program）是OSHA官方发起的，旨在提高对工人的保护，超过OSHA标准规定的最低要求。VPP主要是针对工作现场的，所有的现场可以向OSHA申请成为优秀、示范或者星级项目。所有的参与者都必须每年将其伤亡信息提交到OSHA的地区办公室。参加VPP的项目不会再被日常检查，但是如果有人投诉、或发生事故则会进行相应的处理。当VPP、现场咨询服务和有效的安全计划结合起来时，就进一步扩展了对工人的保护，达到了OSHA法案的目标。

SHARP则是主要针OSHA发起的主要针对中小企业的安全与健康成就奖励活动。中小企业只要邀请前面提到的OSHA咨询人员进行一次系统的现场风险分析，消灭现场所有的风险之后，并将OSHA可记录事故率降低到全行业平均水平以下，同时同意在现场出现新的风险时通知地方OSHA机构就可以获得奖励。参加SHARP运动的第一年可以免予OSHA的检查，此后在达到相应的要求之后，还可以申请延长。

第 12 章　建筑施工生产安全典型事故案例

12.1　近年来重、特大建筑施工生产安全典型事故案例

12.1.1　江西丰城电厂“11・24”坍塌事故

（1）事故基本情况

2016 年 11 月 24 日，江西丰城发电厂三期扩建工程发生冷却塔施工平台坍塌的特别重大事故，造成了 73 人死亡、2 人受伤，直接经济损失 10197.2 万元。调查认定，江西丰城发电厂“11.24”冷却塔施工平台坍塌特别重大事故是一起生产安全责任事故。

（2）倒塌冷却塔工程概况

事发 7 号冷却塔属于江西丰城发电厂三期扩建工程 D 标段，是三期扩建工程中的两座逆流式双曲线自然通风冷却塔（如图 12-1 所示）其中的一座，采用钢筋混凝土结构。两座冷却塔布置在主厂房北侧，整体呈东西向布置，塔中心间距 197.1m。7 号冷却塔位于东侧，设计塔高 165m，塔底直径 132.5m，喉部高度 132m，喉部直径 75.19m，筒壁厚度 0.23 ～ 1.1m（图 12-1）。

图 12-1　冷却塔外观及剖切效果图

筒壁工程施工采用悬挂式脚手架翻模工艺，以三层模架（模板和悬挂式脚手架）为一个循环单元循环向上翻转施工，第 1、第 2、第 3 节（自下而上排序）筒壁施工完成后，第 4 节筒壁施工用第 1 节的模架，随后，第 5 节筒壁使用第 2 节筒壁的模架，以此类推，依次循环向上施工。脚手架悬挂在模板上，铺板后形成施工平台，筒壁模板安拆、钢筋绑扎、混凝土浇筑均在施工平台及下挂的吊篮上进行。模架自身及施工荷载由浇筑好的混凝土筒壁承担。

7 号冷却塔内布置 1 台 YDQ26×25-7 液压顶升平桥，距离塔中心 30.98m，方位为西偏北 19.87°。7 号冷却塔于 2016 年 4 月 11 日开工建设，4 月 12 日开始基础土方开挖，8 月 18 日完成环形基础浇筑，9 月 27 日开始筒壁混凝土浇筑，事故发生时，已浇筑完成第 52 节筒壁混凝土，高度为 76.7m。如图 12-2 所示。

图 12-2　冷却塔施工模拟图

（3）事故经过

2016 年 11 月 24 日 6 时许，混凝土班组、钢筋班组先后完成第 52 节混凝土浇筑和第 53 节钢筋绑扎作业后，离开作业面。5 个木工班组共 70 人先后上施工平台，分布在筒壁四周施工平台上拆除第 50 节模板并安装第 53 节模板。此外，与施工平台连接的平桥上有 2 名平桥操作人员和 1 名施工升降机操作人员，在 7 号冷却塔底部中央竖井、水池底板处有 19 名工人正在作业。

7 时 33 分，7 号冷却塔第 50 ～ 52 节筒壁混凝土从后期浇筑完成部位（西偏南 15°～ 16°，距平桥前桥端部偏南弧线距离约 28m 处）开始坍塌，沿圆周方向向两侧连续倾塌坠落，施工平台及平桥上的作业人员随同筒壁混凝土及模架体系一起坠落，在筒壁坍塌过程中，平桥晃动、倾斜后整体向东倒塌，事故持续时间 24s（部分事故现场如图 12-3 ～图 12-5 所示）。

图 12-3　事故现场鸟瞰图

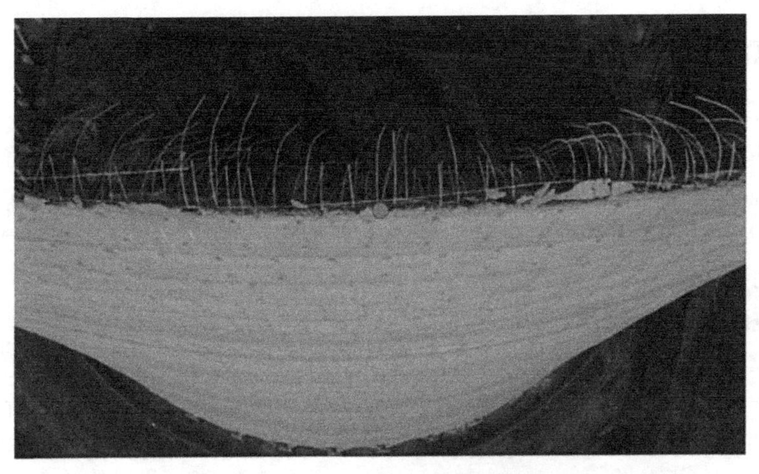

图 12-4　第 49 节筒壁顶部残留钢筋

图 12-5　事故现场坍塌平桥

（4）事故原因

1）直接原因

经调查认定，事故的直接原因是施工单位在 7 号冷却塔第 50 节筒壁混凝土强度不足的情况下，违规拆除第 50 节模板，致使第 50 节筒壁混凝土失去模板支护，不足以承受上部荷载，从底部最薄弱处开始坍塌，造成第 50 节及以上筒壁混凝土和模架体系连续倾塌坠落。坠落物冲击与筒壁内侧连接的平桥附着拉索，导致平桥也整体倒塌。

2）间接原因

经调查，在 7 号冷却塔施工过程中，施工单位为完成工期目标，施工进度不断加快，导致拆模前混凝土养护时间减少，混凝土强度发展不足；在气温骤降的情况下，没有采取相应的技术措施加快混凝土强度发展的速度；筒壁工程施工方案存在严重缺陷，未制定针对性的拆模作业管理控制措施；对试块送检、拆模的管理失控，在实际施工过程中，劳务作业队伍自行决定拆模。

12.1.2 北京清华附中“12·29”筏板基础钢筋体系坍塌事故

（1）事故基本情况

2014年12月29日8时20分许，在北京市海淀区清华大学附属中学体育馆及宿舍楼工程工地的施工现场，作业人员在基坑内绑扎钢筋的过程中，筏板基础钢筋体系发生坍塌，导致10人死亡、4人受伤。参建方的施工方11人、监理方4人，因重大责任事故罪被海淀法院判处3～6年的有期徒刑。

（2）事故现场勘验情况

事发部位位于基坑3标段，深13m、宽42.2m、长58.3m。底板为平板式筏板基础，上下两层双排双向钢筋网，上层钢筋网用马凳支撑。事发前，已经完成基坑南侧1、2两段筏板基础的浇筑，以及3段下层钢筋的绑扎、马凳安放、上层钢筋的铺设等工作；马凳采用直径25mm或28mm的带肋钢筋焊制，安放间距为0.9～2.1m；马凳横梁与基础底板上层钢筋网大多数未固定；马凳脚筋与基础底板下层钢筋网少数未固定；上层钢筋网上多处存有堆放钢筋物料的现象。事发时，上层钢筋整体向东侧位移并坍塌，坍塌面积2000余m^2。如图12-6所示马凳采用直径25mm或28mm的带肋钢筋；如图12-7所示施工现场存在多处随意堆放钢筋。

图12-6 马凳采用直径25mm或28mm的带肋钢筋

图12-7 施工现场存在多处随意堆放钢筋

（3）事故经过

2014 年 7 月，清华附中工程项目部制定了《钢筋施工方案》，明确马凳制作钢筋规格为 32mm，现场摆放间距 1m，并在第 7.7 条安全技术措施中规定“板面上层筋施工时，每捆筋要先放在架子上，再逐根散开，不得将整捆筋直接放置在支撑筋上，防止荷载过大而导致支撑筋失稳”。《钢筋施工方案》经监理单位审批同意后，项目部未向劳务单位进行方案交底。

2014 年 10 月，劳务公司签订《建设工程施工劳务分包合同》，合同中包含辅料和部分周转性材料款的内容，且未按照要求将合同送工程所在地的住房城乡建设主管部门备案。劳务单位相关人员进场后，作业人员在未接受交底的情况下，组织筏板基础钢筋体系施工作业。作业人员只确定使用 25mm 或 28mm 钢筋制作马凳。基坑 1、2 段底板浇筑完成后，组织作业人员绑扎 3 段底板钢筋。

2014 年 12 月 28 日下午，劳务队长安排塔式起重机班组配合钢筋工向 3 标段上层钢筋网上方吊运钢筋物料，共计吊运 24 捆，用于墙柱插筋和挂钩。

12 月 29 日 6 时 20 分，作业人员到达现场，实施墙柱插筋和挂钩作业。7 时许，现场钢筋工发现已绑扎的钢筋柱与轴线位置不对应。劳务队长接到报告后通知放线员去现场查看核实。8 时 10 分，经现场确认筏板钢筋体系整体位移约 10cm。随后，钢筋班长立即停止钢筋作业，通知信号工配合钢筋工将上层钢筋网上集中摆放的钢筋吊走，并调电焊工准备加固马凳。8 时 20 分许，筏板基础钢筋体系失稳，整体发生坍塌，将在筏板基础钢筋体系内进行绑扎作业和安装排水管作业的人员挤压在上下层钢筋网之间。

（4）事故原因分析

1）直接原因

① 作业人员未按照方案施工作业，擅自减小马凳钢筋直径，现场制作的马凳所用钢筋直径从《钢筋施工方案》要求的 32mm 减小至 25mm 或 28mm；随意增大马凳间距，现场马凳布置间距为 0.9 ～ 2.1m，与《钢筋施工方案》要求的 1m 严重不符，降低了马凳的承载能力。

② 作业人员盲目吊运钢筋材料，将整捆钢筋物料直接堆放在上层钢筋网上，施工现场堆料过多，且局部过于集中，导致马凳立筋失稳，产生过大的水平位移，进而引起立筋上、下焊接处断裂，致使基础底板钢筋整体坍塌。

2）间接原因

① 劳务分包企业的原因为

A. 未对劳务作业人员进行必要的安全生产教育和培训，未告知作业人员操作规程和违章操作的危害。

B. 在未接受《钢筋施工方案》交底的情况下，盲目地组织施工作业。

C. 违规与总承包单位签订包含辅料和部分周转性材料款内容的劳务分包合同。

② 总承包单位的原因

A. 作为清华附中工程项目总承包单位，存在允许非本企业员工以内部承包的形式承揽工程的行为，允许以内部承包形式承揽清华附中工程项目，致使项目部安全管理混乱。

B. 未严格落实安全责任，对项目安全生产工作管理不到位，未就筏板基础钢筋施工向作业人员进行技术交底；部分作业人员未经安全培训教育即上岗作业；未按照要求配备相应的专职安全员；对施工现场监督检查不到位，未及时发现作业人员违反施工方案要求施工作业和盲目吊运钢筋材料集中码放在上排钢筋网上导致载荷过大的安全隐患。

③ 监理单位的原因为

A. 对项目经理长期未到岗履职的问题监理不到位，且事故发生后，伪造了针对此问题下发的《监理通知》。

B. 对钢筋施工作业现场监理不到位，未及时发现并纠正作业人员未按照钢筋施工方案要求施工作业的违规行为。

C. 对项目部安全技术交底和安全培训教育工作监理不到位，致使施工单位使用未经培训的人员实施钢筋作业。

D. 设计单位的原因为设计单位绘制的施工图中，个别剖面表达有误，在向施工单位实施设计交底过程中签到记录不全、交底记录签字时间与实际交底时间不符。

E. 建设单位的原因为清华大学确定的招标工期和合同工期较市住建委核算的定额工期，压缩了27.6%；在施工组织过程中，未按照《北京市建筑工程质量监督执法告知书》的要求书面告知海淀区住房和城乡建设委员会开工日期；且强调该工程在2015年10月份清华附中百年校庆期间外立面亮相，对施工单位工期安排造成了一定的影响。

F. 监管单位的原因为海淀区住房和城乡建设委员会作为该工程项目的行业监管部门，负责该工程的质量安全监督工作。未认真履行行政监管职责，未按照《A栋体育馆等3项（附属中学体育馆及宿舍楼）工程质量监督执法抽查计划》规定的检查次数、内容实施监督检查，检查过程中只进行了现场施工交底，未落实执法计划规定的其他内容，其他时间均未到场开展检查。事故发生后，海淀区住房和城乡建设委员会提供了虚假的监督执法材料。

12.2 模板支撑与脚手架坍塌事故案例

12.2.1 云南省昆明新机场“1·3”支架坍塌事故

（1）事故简介

2010年1月3日11时20分左右云南省昆明新机场航站区停车楼及高架桥工程A-3合同段配套引桥F2-R-9～F2-R-10段在现浇箱梁过程中发生支架局部坍塌，导致7人死亡、8人重伤、26人轻伤，直接经济损失616.75万元。

2010年1月3日上午7时30分，昆明新机场工程项目部开始组织人员准备浇筑昆明新机场航站区停车楼及高架桥工程A-3合同段东引桥第三联位置处。9时30分左右，由上而下开始现浇箱梁，计划整联混凝土浇筑量为1283m^3。当第三跨纵向浇筑了36m，顶板浇筑了10m，共浇筑混凝土283m^3、砂浆2m^{3}时，支架于14时20分左右发生坍塌，导致现场管理及施工人员7人死亡、8人重伤、26人轻伤。坍塌长度38.5m、宽度13.2m，支撑高度最高点9m、最低点8.5m。如图12-8所示。

图 12-8　云南省昆明新机场“1 · 3”支架坍塌

（2）事故原因

1）直接原因

① 模板支架架体构造有缺陷

模板支架架体是一种受力状态比较复杂的承重结构，要承载来自上部和架体本身的垂直荷载、水平荷载和冲击荷载，技术规范对架体构造有严格的要求。《建筑施工碗扣式钢管脚手架安全技术规范》JGJ 166—2008 第 6.2.2 条规定“剪刀撑的斜杆与地面夹角应在 45° ～ 60° 之间，斜杆应每步与立杆扣接”，第 6.2.3 条规定“当模板支撑高度大于 4.8m 时，顶端和底部必须设置水平剪刀撑，中间水平剪刀撑设置间距应小于或等于 4.8m”。

现场调查证实，坍塌的模板支架高度已达 8m，按规范要求除负端和底部必须设置水平剪刀撑外，中间最少应设置一道水平剪刀撑，而该施工现场的模板支架未设置任何水平剪刀撑。此外，第一跨和第二跨模板支架的纵向和横向剪刀撑的斜杆与地面夹角存在着小于 45° 的现象，斜杆的搭接长度不足 1m，未每一步与立杆扣接。

② 模板支架安装违反规范

支架安装违反规范突出表现在作为杆件连接件的部分碗扣上:

A. 下碗扣与钢管的焊缝未作条焊，而是点焊或脱焊。

B. 上碗松动，用手可拧动。

C. 上下碗扣未作咬合。

D. 无限位销或限位销在止口外。

③ 模板支架的钢管、碗扣存在质量问题

《建筑施工碗扣式钢管脚手架安全技术规范》JGJ 166—2008 第（3.5.2）条规定:“碗扣脚用钢管规格为 Φ48mm×3.5mm，钢管壁厚不得小于 3.5 － 0.025mm”。该工程的模板支架施工技术方案的计算书是按照 Φ48mm×3.5mm 的钢管规格进行验算的。

从坍塌事故现场取样 19 组的抽查结果看，钢管壁厚最厚 3.35mm，最薄的为 2.79mm，管壁平均厚度还不足 3.0mm，测试结论管壁厚度全部不合格，断后延伸率和压扁试验有 7 组不合格，占 37%。由于钢管壁厚偏薄，受力杆件的强度和刚度必然降低，难以达到技术方案中 Φ48mm×3.5mm 计算的整体稳定性。

《建筑施工碗扣式钢管脚手架安全技术规范》JG 166—2008 第 3.3.10 条规定“横杆接头剪切强度不应小于 50kN”。现场取样 3 组横杆接头拉伸试验，结果为接头断裂荷载分别为 18.06kN、53.61kN、20.94kN，有二组不合格，平均值为 30.87kN，剪切强度仅达到规范要求的 62%。

④ 浇筑方式违反规范规定

《建筑施工模板安全技术规范》JGJ 162—2008 第 5.1.2 条“混凝土梁的施工应采用从跨中向两端对称进行分层浇筑，每层厚度不得大于 400mm”。调查中证实，1 月 3 日发生事故当天，作业班组为方便冲洗模板的灰尘，采用了从箱梁高处向低处浇筑的方式，违反了规范的规定。加之该段箱梁本身桥面高差 1.386m，有 3.6% 的坡度。人为地增大了混凝土向下流动及振捣混凝土时产生的水平推力，致使处于疲劳极限的支撑架体不堪重负。

综上所述，本次模板支架坍塌的直接原因是：支架架体构造有缺陷，支架安装违反规范，支架的钢管扣件有质量问题，混凝土浇筑方式违反规范规定，导致架体右上角翼板支架局部失稳，牵连架体整体坍塌。

2）间接原因

① 支架及模板施工专项方案有缺陷。

2009 年 7 月，项目部副总工师在编制《昆明新机场航站区停车楼及高架桥工程（A-3 合同段）施工总承包（引桥部分）支架及模板施工专项方案》时，依据的技术规范为《建筑施工扣件式钢管脚手架安全技术规范》JGJ 130—2001，与现场实际支架构造形式适用的技术规范《建筑施工碗扣式钢管脚手架安全技术规范》JGJ 166—2008 不一致；而该方案在审核、审批、专家论证以及监理审查和审核环节，公司总工程师、专家以及市建设监理有限公司专业监理工程师、项目副总监等有关人员均不知道住建部 2008 年 11 月 4 日发布并于 2009 年 7 月 1 日施行的《建筑施工碗扣式钢管脚手架安全技术规范》JGJ 166—2008，未发现编制依据引用错误的问题；在 2009 年 10 月 22 日召开的专家论证会上，五位专家还提出了“超过 10m 高的支架，须在支架底部、顶部搭设水平剪刀撑”的错误意见；监理方在审查、审核时，还提请施工方严格遵照专家审核意见组织施工；致使该方案存在缺陷，导致了施工现场模板支架在搭设过程中未设置任何水平剪刀撑。

② 发现支架搭设不规范未及时进行整改。

经调查，从工程项目部 2009 年 5 月～ 12 月的会议纪要，2009 年 12 月 1 日～ 2010 年 1 月 2 日安全检查记录及市建设监理有关昆明新机场项目部 2009 年 10 月 2 日～ 12 月 30 日监理月报及周报中发现，监理方、施工方多次检查发现支架搭设不符合规范的问题，要求进行整改，但监理方、施工方未认真进行督促整改。

③ 未认真履行支架验收程序

施工公司的《现浇箱梁支架搭设交底》中规定：“对不合格和有缺陷的杆件一律不得使用，支架搭完后，对各个碗扣和扣件重新检查一遍并打紧；在浇筑混凝土前还要进行一次全面检查，包括上下托及碗扣和扣件，不得有漏打的现象，再通过监理和项目部技术人员检查合格后，方可进行下道工序”。事故调查组对第一跨（F2-R-7 ～ F2-R-8）和第二跨（F2-R-8 ～ F2-R-9）的模板支架进行检查，发现支架的斜杆搭设角度有的不符合规范要求，部分未做到每步与立杆扣接。还存在碗扣松动未锁紧，无上碗扣、无止动销等问题。支架搭设完成后，监理单位未认真履行验收程序。

④ 未对进入现场的脚手架及扣件进行检查与验收

《建筑施工碗扣式钢管脚手架安全技术规范》JGJ 166—2008 第 8.2 条规定："构配件进场质量检查的重点：钢管管壁厚度；焊接质量；外观质量"。经调查，该工地所使用的脚手架及扣件没有相应的合格证明材料。材料进入施工现场时，监理单位未按照规范要求进行严格检查与验收。

⑤ 安全管理不到位、技术及管理人员配备不到位、安全责任落实不到位

市政建设有限公司新机场工程项目经理、项目总工均为助理工程师，不具备所担任劳务的资格，且项目部管理人员大多为近年毕业的大学生，管理技术力量薄弱；按照《建筑施工企业安全生产管理机构设置及专职安全生产管理人员配备办法》（建质 [2008]91 号）文件的规定：该项目部应配 3 名以上专职安全员，但实际只有 1 名；项目部副经理未对劳务人员的持证情况严格审查把关，致使劳务公司存在无证人员从事特种作业的问题；部分管理人员对《建筑施工碗扣式钢管脚手架安全技术规范》JGJ 166 和施工方案等相关规范不熟悉，仅凭经验检查、管理。

建设监理公司新机场建设工程监理管理部总监未认真组织监理人员对《建筑施工碗扣式钢管脚手架安全技术规范》JGJ 166 和新的施工方案等进行安全教育及培训，导致监理人员业务不熟。

昆明新机场建设指挥部在项目建设过程中，对施工方、监理方进场人员监督检查不够，未能督促施工方、监理方按照合同承诺提供相应的技术及管理人员，从而出现施工单位部分工程技术人员资格达不到要求、监理公司现场监理人员配备不够的情况；未认真督促施工单位、监理单位做好施工现场的安全生产工作，航站部工程处在日常的安全巡查中，对发现的事故隐患未认真督促施工单位及时整改。

劳务公司未取得建筑业企业资质证书和建筑施工企业安全生产许可证。未建立健全安全生产规章制度和岗位安全操作规程，未设置安全生产管理机构，安全教育培训未落实。大部分架子工未持证上岗。

建设公司作为联合体主体单位，未认真履行《联合体协议书》。

12.2.2　内蒙古苏尼特右旗"9・19"模板坍塌事故

（1）事故简介

2010 年 9 月 19 日 18 时 40 分，苏尼特右旗新区人民法院审判庭办公楼建筑工地，在混凝土浇筑施工过程中发生模板坍塌事故，造成 3 人死亡。

2010 年 9 月 19 日，上午 10：40 分左右，因承包方拖欠木工的工资，双方产生矛盾，木工掐断了工地的电源，经过当地公安派出所出面调解后恢复通电，由于断电致使混凝土泵的泵管堵塞，无法继续作业。12：30 分左右作业人员将泵管疏通，18：40 分左右，钢筋工负责人返回楼顶，发现模板支架钢管倾斜，并告知施工员停止浇筑，突然造型墙模板工作台整体坍塌，导致正站在模板支架上的 3 名工人全部坠落到楼下。19：05 分左右 120 急救车赶到事故现场，确认 2 人已死亡。随后在当地消防队员的协助下，19：50 分左右，在龙门架附近的基础坑内找到了浮在水面上的另一个施工员，随即被送往当地医院，因伤势过重，抢救无效死亡。如图 12-9 所示。

（2）事故原因

1）直接原因

模板支撑体系刚度和稳定性不能满足混凝土浇筑的要求，导致在混凝土浇筑即将完毕时模板支撑体系外倾坍塌。

2）间接原因

① 施工单位在项目经理不在的情况下，未对模板工程专项施工方案组织专家进行技术论证和审查，未经施工单位技术负责人、总监理工程师签字同意，违章指挥作业，下令开始浇筑混凝土作业，是导致该事故发生的主要原因。

图 12-9　内蒙古苏尼特右旗“9・19”模板坍塌

② 施工单位安全生产意识淡薄，主要领导对各项规章制度执行情况监督管理不力、对重点部位的施工技术管理不严，有法有规不依，施工单位安全管理机构形同虚设，安全管理人员未尽到监管职责，是事故发生的重要原因。

③ 施工单位施工现场用工管理混乱，施工作业前班组未进行技术交底和开展班前活动；施工单位雇用劳务人员进入工地作业前，未进行三级安全教育培训，无证上岗作业，是发生事故的重要原因之一。

④ 监理公司对于施工单位的违章作业情况未向有关部门进行报告和加以制止，监理单位在检查中发现了立柱间距大、不能满足浇筑混凝土的要求的情况下，监理单位只是口头通知，没有出具任何书面通知，对工程检查只是流于形式，更没有采取任何强制措施，督促施工单位整改，在浇筑混凝土时没有进行全过程现场监督，没有尽到施工旁站监理的义务，履行监理职责不到位，也是发生事故的重要原因之一。

12.3　建筑起重与垂直运输（升降）机械设备事故案例

12.3.1　广东省深圳市“12・28”塔式起重机顶升倒塌事故

（1）事故简介

2009 年 12 月 28 日 15 时 40 分，宝安区福永街道的在建工程凤凰花苑工地发生塔式起重机倒塌事故，共造成 6 人死亡，1 人重伤，直接经济损失约 490 万元。

1 月 28 日，工地 7 人在 3 号塔式起重机上实施顶升，顶升至 15 时 40 分左右，因顶升作业人员操作不当，塔式起重机上部结构坠落并与塔身撞击，导致 6 人死亡，1 人重伤。如图 12-10 ～图 12-12 所示。

（2）事故原因

1）直接原因

顶升作业事故发生前，顶升液压系统工作压力为额定压力的 1.94 倍;顶升作业事故前，人为造成塔式起重机上部结构严重偏载；偏载导致顶升运动卡阻；在上述原因共同作用下，加之操作人员处置卡阻不当，塔式起重机上部结构坠落，造成事故。

2）间接原因

① 施工总承包单位项目安全管理不到位，未能切实履行总承包安全管理责任；将塔式起重机顶升工程委托给不具备资质的公司承担；项目部对分包单位在塔式起重机安装、顶升施工中作业人员的资格、技术交底和现场管理等方面，未履行总承包单位安全管理职责。事故发生当日，未派安全管理人员现场监督，未检查施工操作人员资格。

图 12-10　广东省深圳市“12・28”塔式起重机顶升倒塌事故（一）

图 12-11　广东省深圳市“12·28”塔式起重机顶升倒塌事故（二）

图 12-12　广东省深圳市“12·28”塔式起重机顶升倒塌事故（三）

② 塔式起重机租赁单位无资质施工。公司不具备塔式起重机安装、顶升施工资质，非法实施塔式起重机安装、顶升；公司招用无资格的塔式起重机施工操作人员，致使作业人员操作不当发生事故；私刻塔式起重机安装企业公章，伪造文件，弄虚作假；未按规定对作业人员进行安全技术交底，安全管理混乱；塔式起重机顶升作业未按规定预先向监理单位报告。

③ 塔式起重机安装企业违法出借公司资质证书。公司虽名义上签订塔式起重机安装合同，但实际并未履行合同实施安装，在合同中指派塔式起重机租赁企业法定代表人为设备安装负责人，违法出借公司资质，为无资质的塔式起重机租赁公司实施安装提供了条件。

④ 监理公司履行监理职责不到位。对实际从事塔式起重机的安装、顶升单位和作业人员的资质、资格监理审查不到位；对项目部安全员配备不到位的问题，没有及时发现和督促整改，监理检查不力；对塔式起重机安装、顶升作业中存在的问题未能及时发现和督促整改；对施工单位顶升作业不履行告知程序、拒不认真整改，没有及时向市安监站报告，履行监理职责不到位。

12.3.2 河北省秦皇岛“9・5”吊笼坠落事故

（1）事故简介

2012年9月5日11时50分，河北省秦皇岛市达润・时代逸城四期工程15号楼未安装完成投入使用的施工升降机吊笼发生坠落事故，造成4名工人死亡，直接经济损失430万元。

达润・时代逸城四期工程15号楼外用升降机于2012年8月11日开始安装，至8月26日安装到第10层，高约35m。因升降机没有安装完善，卸料平台没有搭设，使用手续未办理，不具备使用条件。2012年9月5日上午9时，工长调来2名工人铺15号楼外用升降机吊笼入口平台。并安排他们看守外用升降机吊笼，不让任何人随意动升降机。大约11时50分左右15号楼木工班组4名工人吃完午饭后提前上班，看到升降机在一层停滞，就要使用升降机上楼，看守人员出面制止，他们不听劝阻，态度强硬，执意乘电梯，并将卡在吊笼门的木头方子拽出来。先有3名工人进入，后又有一名跑步进入，关门后开动电梯，1min左右升降机吊笼冒顶坠落，导致事故的发生。如图12-13和图12-14所示。

（2）事故原因

1）直接原因

图12-13 河北省秦皇岛“9・5”吊笼坠落事故（一）

图12-14　河北省秦皇岛“9·5”吊笼坠落事故（二）

施工单位木工班组施工人员不听劝告，擅自使用未经安装的升降机。

2）间接原因

① 企业安全教育培训工作不到位，未按照国家有关规定对职工进行三级安全教育培训，职工安全意识淡薄，违章使用未安装完毕并未经安全验收合格的施工升降机。

② 安全防护不到位。在15号楼施工升降机安装未完成且未投入使用前，企业对施工升降机未采取有效的安全防护措施，导致职工擅自进入并使用施工升降机，而发生安全事故。

③ 施工升降机在安装过程中存在缺陷，未采用防止越程的装置和措施，同时安全防护装置也未安装到位。

12.4　高处作业坠落事故案例

12.4.1　广东省中山市“8·10”高处坠落事故

（1）事故简介

2011年8月10日18时许，中山市古镇镇星光联盟——LED照明灯饰展览中心工地发生一起较大高处坠落事故，造成4人死亡，直接经济损失372万元。

2011年8月10日下午，位于中山市古镇镇星光联盟——LED照明灯饰展览中心工地西楼中庭8楼，木工班组共9人正在进行木工材料转移作业。其中5人负责将八楼已拆卸下来的门字架等木工材料搬到8楼的悬挑式物料平台上（该悬挑式物料平台于8月9日搭建，未经过检验合格就直接投入使用），4人负责该平台上把木工材料堆码好，然后由起重机把堆码好的木工材料从8楼吊上10楼。18时许，4人正在平台上进行木工材料堆码作业时，由于该平台斜拉钢丝绳未按规定锚固，而是直接拉在9楼外脚手架预埋拉结连墙杆上面，同时伸入楼层悬挑梁锚固也不符合要求，在工作过程中，9楼其中一条外脚手架预埋拉结连墙杆受力弯曲，斜拉钢丝绳脱落，造成平台侧翻。正在平台上作业的 4 人从 8 楼平台坠落至地下室底板，经送医院抢救无效死亡。如图 12-15 和图 12-16 所示。

图 12-15　广东省中山市“8·10”高处坠落事故（一）

图 12-16　广东省中山市“8·10”高处坠落事故（二）

（2）事故原因

1）直接原因

① 悬挑式物料平台拉索（斜拉钢丝绳）只是简单地套在 9 楼的外脚手架拉结连墙杆预埋钢管上，没有按规定进行锚固。

② 悬挑式物料平台悬挑梁锚固不符合要求。

2）间接原因

① 施工单位未依法履行好本单位生产安全管理职责，现场安全管理混乱，设备设施不按规定经核验合格后投入使用，安全检查流于形式。

② 监理公司对中山市古镇镇星光联盟——LED照明灯饰展览中心工程的安全生产履行安全监理职责不到位。

③ 建设管理所没有很好地履行监管职责，对中山市古镇镇星光联盟——LED照明灯饰展览中心工程监管不力。

12.4.2 北京市通州区“1·7”高处坠落事故

（1）事故基本情况

2014年1月7日14时50分，通州区新华大街某商业项目施工现场，卸料平台吊环螺栓发生断裂，造成平台侧翻，致使在平台上码放物料的2名工人随物料一同坠落至1号楼南侧基坑内，将正在基坑内进行清理作业的3名工人砸伤致死。事故共计造成5人死亡。

（2）事故经过

2014年1月7日6时30分，劳务木工班组长安排3名工人到基坑内清理物料。劳务木工班组长因下午外出不在施工现场，便委托现场技术负责人检查3人的出勤情况。13时30分左右，现场技术负责人安排2人到西侧卸料平台从楼层内倒运物料。当天下午，3名作业人员在西侧卸料平台下方基坑内清理物料，同时，另2人在上方的6层西侧卸料平台实施物料码放作业。14时50分，卸料平台的吊环螺栓突然断裂，平台侧翻。2人随平台上码放的物料一同坠落至下方基坑内，将在基坑内作业的3人砸伤。如图12-17所示。

图12-17 北京市通州区“1.7”高处坠落事故

（3）事故原因分析

1）直接原因

① 未按照施工方案安装。卸料平台在安装过程中，未按照施工方案的要求，改变了平台吊环螺栓的竖向高度和水平位置，对吊环螺杆的受力产生不利影响。经勘验，卸料平台外侧钢丝绳上端吊环螺杆距主钢梁的高度为 5.9m，通过对“悬挑卸料平台计算书”的核查，其设计高度为 11.0m。外侧钢丝绳与卸料平台主钢梁的实际夹角为 43.0°与设计要求的 64.3°不符。经计算，吊环竖向高度由 11.00m 变为 5.9m 时，吊环螺杆所受的拉力将增大 17.6%；吊环螺杆水平位置偏移 1.25m 后，吊环螺杆所承受的应力将增大 1.2%。

② 施工现场设备设施的原因

A. 卸料平台超载，卸料平台总装载限重为 1.5t，在使用过程中，卸料平台上装料过多（经对现场坠落物料捡拾称重已超过平台限重）；当装料不均时，会进一步引起两侧钢丝绳和吊环的受力不平均，加剧吊环螺杆的断裂。

B. 吊环螺栓实际承载能力较差，通过试验室模拟加载试验、对吊环受力的有限元分析和对吊环螺栓的断裂原因的鉴定分析，吊环的内侧焊趾存在较为严重的局部应力集中，而吊环焊接缺欠、弯曲成形时受损、吊环螺杆的反复使用及该部位的应力较复杂等因素均影响吊环的承载能力，导致吊环螺杆在较低的应力水平下发生脆性破坏。

2）间接原因

卸料平台日常使用、安装和验收过程中各方管理不到位，是导致事故发生的间接原因。

① 未按照标准要求指派专人监督卸料平台的日常使用，致使卸料平台长期超载。

② 未对事故当天的卸料平台作业的两名作业人员进行安全技术交底，致使两名作业人员违章作业。

③ 未能严格按照专项施工方案组织卸料平台的安装作业，致使现场作业人员未严格按照专项施工方案设置平台吊环螺栓位置。

④ 发生事故的卸料平台在未经验收的情况下投入使用失管失察。

⑤ 监理单位未严格履行监理单位职责，未对该工程卸料平台的安装、验收和使用实施有效的安全监理。

12.5 建筑施工火灾与触电事故案例

12.5.1 上海市静安区“11·15”火灾事故

（1）事故简介

2010 年 11 月 15 日 14 时 14 分，上海市静安区正在实施节能综合改造施工的胶州路 728 号公寓大楼发生火灾，造成 58 人死亡、71 人受伤，建筑物过火面积 12000m^2，直接经济损失 1.58 亿元。

2010 年 10 月中旬，监理、施工单位在对脚手架进行部分验收时，发现起火建筑 10 层凹廊部位脚手架的悬挑支架缺少斜支撑，即要求对其进行加固。由于当时加固用工字钢部件缺货，安排电焊班组负责人在来料后进行加固。13 时左右，两名工人将电焊工具搬至起火建筑 10 层合用前室北墙西侧窗口内侧西北角，准备加固该部位的悬挑支架。14 时 14 分许，工人将电焊机用来连接地线的角钢焊接到窗外的脚手架上后，突然发现下方 9 层位置脚手架防护平台处起火，经使用干粉灭火器扑救无效后，两人逃生。如图 12-18 和图 12-19 所示。

（2）事故原因

1）直接原因

在胶州路 728 号公寓大楼节能综合改造项目施工过程中，施工人员违规在 10 层电梯前室北窗外进行电焊作业，电焊溅落的金属熔融物引燃下方 9 层位置脚手架防护平台上堆积的聚氨酯保温材料碎块、碎屑引发火灾。

2）间接原因

① 建设单位、投标企业、招标代理机构相互串通、虚假招标，转包、违法分包

A. 教师公寓节能改造工程项目未经审批违规实施。该项目未经过静安区政府规定的程序审批，由静安区建交委擅自纳入全区既有建筑节能改造范围，属于未经审批的违规项目。

图 12-18　上海市静安区“11·15”火灾事故

图 12-19　上海市静安区“11·15”火灾事故

B. 项目虚假招投标、转包、违法分包。静安区建交委主任在邀标前私下承诺将工程项目施工交给施工公司，以具有一级资质的 A 公司名义参加邀标，并串通另外 B、C 两家公司围标陪标。A 公司中标后，违反规定将工程转包给该施工公司。施工公司又将该项目拆分成建筑保温、窗户改建、脚手架搭建、拆除窗户、外墙整修和门厅粉刷、线管整理等，分别违法分包给 7 家施工企业。

C. 招标代理在明知招标人、投标人串通投标的情况下，继续代理虚假招标。

② 工程项目施工组织管理混乱

A. 违规使用不符合国家规定的外墙保温材料。施工未按规定将提供的喷涂聚氨酯硬泡沫体保温材料进行产品质量检验；施工企业也未进行进货检验和质量检测，致使不符合国家规定的外墙保温材料用于建筑施工。

B. 施工现场管理混乱。工地现场脚手架搭设、聚氨酯喷涂上墙、电焊作业等工程违规交叉作业；管理制度和操作规程不落实，事故发生当天的电焊施工未按规定报批，现场也没有按照规定配置灭火器、使用接火盆；实施动火的电焊工所持特种作业人员操作证已过期，操作人员未经相应的安全培训。

③ 设计企业、监理机构工作失职

设计企业内部技术审核制度不健全，项目设计交底不清楚，设计文件不符合技术规范，也没有向施工单位提示外墙保温材料施工应当遵循的施工要求。监理机构对没有施工组织设计方案就已经开工、聚氨酯材料未经检验即使用等问题，没有及时采取停工等措施进行整改；对现场动火等安全风险点失察失管，对电焊作业等关键岗位施工人员的资格证书未审核把关。

④ 市、区两级建交委对工程项目监督管理缺失

A. 静安区建交委作为静安区既有建筑节能改造工程项目的建设单位和主管部门，对教师公寓节能改造工程项目未进行上报审批；未按规定组织公开招标而采取邀请招标，提前指定施工企业，且对工程项目实施疏于管理；个别领导和工作人员滥用职权、以权谋私、收受贿赂。

B. 上海市城乡建设和交通管理委员会（以下简称上海市建交委）作为上海市建设主管部门，未认真贯彻落实国家和上海市民用建筑节能有关法律法规，对静安区既有建筑节能改造工作业务指导不力、监督检查不到位。

⑤ 静安区公安消防机构对工程项目监督检查不到位

A. 江宁路派出所开展建筑消防专项治理工作不力，对教师公寓节能改造工程日常消防监督检查不到位。未及时督促物业公司整改教师公寓消防值班员人数配备不足的问题。

B. 静安区消防支队开展建筑消防设施专项治理工作不到位，对辖区内江宁路派出所消防工作指导不力，未及时督促物业公司整改教师公寓消防值班员人数配备不足的问题。

⑥ 静安区政府对工程项目组织实施工作领导不力

A. 江宁街道办事处对所属平安工作部、社会管理工作部等部门管理不到位，未认真落实整治高层建筑消防安全隐患等工作部署，对居委会上报的消防安全隐患没有引起足够重视，督促辖区内教师公寓节能改造项目施工现场消防隐患整改工作不力。

B. 静安区政府贯彻执行国家有关安全生产工作方针政策和法律法规不力，未认真督促有关部门正确履行职责、扎实开展消防安全隐患集中整治等工作；开展工程建设领域突出

问题专项治理工作不到位，对教师公寓节能改造项目中存在的未经审批、围标串标、转包和违法分包、施工现场管理混乱等问题失察失管。

12.5.2 内蒙古乌中旗“7·5”触电事故

（1）事故简介

2011年7月5日早晨6时多，7名涂料工在南墙东侧上涂料，8时多该处涂料完工后，将未拆卸的脚手架整体向南墙西侧搬迁（脚手架共四层，每层由高1.7m的6根套管组成，总高度6.9m）。由于施工现场堆放较多杂物，工人在搬迁脚手架向南绕行过程中接触高压线，发生事故。接触点为脚手架最上层西南角立杆与高压线北边架空线距地面6.64m处。

（2）事故原因

1）直接原因

工人安全意识差，安全素质低，未认真观察周边环境的情况下，盲目搬迁脚手架，导致事故的发生。

2）间接原因

① 施工单位未建立安全生产管理机构，施工现场未配备专职安全管理人员，无安全检查台账记录，导致现场存在的事故隐患（如：高压线重大危险源的防控要求、施工现场长时间堆放杂物等）未能及时整改、现场工人的违章行为没有得到及时有效制止。

② 施工单位虽建立安全生产责任制度、规章制度及操作规程，但不完善，且贯彻落实不到位，尤其是安全培训教育工作流于形式，公司无安全培训教育档案，新工人到场后未经任何安全培训教育直接上岗作业。

③ 施工单位对承包工程施工监督管理松懈，导致发包方将外墙保温工程肢解分包给不具备相应资质的个人进行施工，且公司对该工程专项施工方案也未按法律法规要求进行审批，安全技术交底工作执行差，导致施工安全无保障。

④ 建设单位其授权委托人直接参与工程的施工管理，将外墙保温工程肢解分包给不具备相应资质的个人进行施工。且公司内部管理存在漏洞，在签章时未严格审核。

⑤ 监理公司工作不到位，对外墙保温工程专项施工方案未按要求进行审查，且从进场到事故发生时对现场存在的问题及隐患未向施工方下达过书面整改通知书或停工令，导致存在的问题及隐患不能及时整改。

⑥ 乌拉特中旗住建局对该项目施工安全监督审查不严，审批程序混乱，《建设工程施工许可证》颁发39天后，填写了建筑工程施工安全监督审查书。且日常监管工作不到位，导致施工现场存在的问题及隐患不能及时整改。

⑦ 乌拉特中旗人民政府对本行政区域内安全生产工作领导、督促力度不够。

附录一　建筑施工企业主要负责人、项目负责人和专职安全生产管理人员安全生产管理规定

建筑施工企业主要负责人、项目负责人和专职安全生产管理人员安全生产管理规定

中华人民共和国住房和城乡建设部令第17号

《建筑施工企业主要负责人、项目负责人和专职安全生产管理人员安全生产管理规定》已经第13次部常务会议审议通过，现予发布，自2014年9月1日起施行。

住房城乡建设部部长姜伟新

2014年6月25日

建筑施工企业主要负责人、项目负责人和专职安全生产管理人员安全生产管理规定

第一章　总则

第一条　为了加强房屋建筑和市政基础设施工程施工安全监督管理，提高建筑施工企业主要负责人、项目负责人和专职安全生产管理人员（以下合称“安管人员”）的安全生产管理能力，根据《中华人民共和国安全生产法》、《建设工程安全生产管理条　例》等法律法规，制定本规定。

第二条　在中华人民共和国境内从事房屋建筑和市政基础设施工程施工活动的建筑施工企业的“安管人员”，参加安全生产考核，履行安全生产责任，以及对其实施安全生产监督管理，应当符合本规定。

第三条　企业主要负责人，是指对本企业生产经营活动和安全生产工作具有决策权的领导人员。

项目负责人，是指取得相应注册执业资格，由企业法定代表人授权，负责具体工程项目管理的人员。

专职安全生产管理人员，是指在企业专职从事安全生产管理工作的人员，包括企业安全生产管理机构的人员和工程项目专职从事安全生产管理工作的人员。

第四条　国务院住房城乡建设主管部门负责对全国“安管人员”安全生产工作进行监督管理。

县级以上地方人民政府住房城乡建设主管部门负责对本行政区域内“安管人员”安全生产工作进行监督管理。

第二章　考核发证

第五条　“安管人员”应当通过其受聘企业，向企业工商注册地的省、自治区、直辖市人民政府住房城乡建设主管部门（以下简称考核机关）申请安全生产考核，并取得安全生产考核合格证书。安全生产考核不得收费。

第六条　申请参加安全生产考核的“安管人员”，应当具备相应文化程度、专业技术职称和一定安全生产工作经历，与企业确立劳动关系，并经企业年度安全生产教育培训合格。

第七条 安全生产考核包括安全生产知识考核和管理能力考核。

安全生产知识考核内容包括：建筑施工安全的法律法规、规章 制度、标准规范，建筑施工安全管理基本理论等。

安全生产管理能力考核内容包括：建立和落实安全生产管理制度、辨识和监控危险性较大的分部分项工程、发现和消除安全事故隐患、报告和处置生产安全事故等方面的能力。

第八条 对安全生产考核合格的，考核机关应当在20个工作日内核发安全生产考核合格证书，并予以公告；对不合格的，应当通过“安管人员”所在企业通知本人并说明理由。

第九条 安全生产考核合格证书有效期为3年，证书在全国范围内有效。

证书式样由国务院住房城乡建设主管部门统一规定。

第十条 安全生产考核合格证书有效期届满需要延续的，“安管人员”应当在有效期届满前3个月内，由本人通过受聘企业向原考核机关申请证书延续。准予证书延续的，证书有效期延续3年。

对证书有效期内未因生产安全事故或者违反本规定受到行政处罚，信用档案中无不良行为记录，且已按规定参加企业和县级以上人民政府住房城乡建设主管部门组织的安全生产教育培训的，考核机关应当在受理延续申请之日起20个工作日内，准予证书延续。

第十一条 “安管人员”变更受聘企业的，应当与原聘用企业解除劳动关系，并通过新聘用企业到考核机关申请办理证书变更手续。考核机关应当在受理变更申请之日起5个工作日内办理完毕。

第十二条 “安管人员”遗失安全生产考核合格证书的，应当在公共媒体上声明作废，通过其受聘企业向原考核机关申请补办。考核机关应当在受理申请之日起5个工作日内办理完毕。

第十三条 “安管人员”不得涂改、倒卖、出租、出借或者以其他形式非法转让安全生产考核合格证书。

第三章 安全责任

第十四条 主要负责人对本企业安全生产工作全面负责，应当建立健全企业安全生产管理体系，设置安全生产管理机构，配备专职安全生产管理人员，保证安全生产投入，督促检查本企业安全生产工作，及时消除安全事故隐患，落实安全生产责任。

第十五条 主要负责人应当与项目负责人签订安全生产责任书，确定项目安全生产考核目标、奖惩措施，以及企业为项目提供的安全管理和技术保障措施。

工程项目实行总承包的，总承包企业应当与分包企业签订安全生产协议，明确双方安全生产责任。

第十六条 主要负责人应当按规定检查企业所承担的工程项目，考核项目负责人安全生产管理能力。发现项目负责人履职不到位的，应当责令其改正；必要时，调整项目负责人。检查情况应当记入企业和项目安全管理档案。

第十七条 项目负责人对本项目安全生产管理全面负责，应当建立项目安全生产管理体系，明确项目管理人员安全职责，落实安全生产管理制度，确保项目安全生产费用有效使用。

第十八条　项目负责人应当按规定实施项目安全生产管理，监控危险性较大分部分项工程，及时排查处理施工现场安全事故隐患，隐患排查处理情况应当记入项目安全管理档案；发生事故时，应当按规定及时报告并开展现场救援。

工程项目实行总承包的，总承包企业项目负责人应当定期考核分包企业安全生产管理情况。

第十九条　企业安全生产管理机构专职安全生产管理人员应当检查在建项目安全生产管理情况，重点检查项目负责人、项目专职安全生产管理人员履责情况，处理在建项目违规违章　行为，并记入企业安全管理档案。

第二十条　项目专职安全生产管理人员应当每天在施工现场开展安全检查，现场监督危险性较大的分部分项工程安全专项施工方案实施。对检查中发现的安全事故隐患，应当立即处理；不能处理的，应当及时报告项目负责人和企业安全生产管理机构。项目负责人应当及时处理。检查及处理情况应当记入项目安全管理档案。

第二十一条　建筑施工企业应当建立安全生产教育培训制度，制定年度培训计划，每年对“安管人员”进行培训和考核，考核不合格的，不得上岗。培训情况应当记入企业安全生产教育培训档案。

第二十二条　建筑施工企业安全生产管理机构和工程项目应当按规定配备相应数量和相关专业的专职安全生产管理人员。危险性较大的分部分项工程施工时，应当安排专职安全生产管理人员现场监督。

第四章　监督管理

第二十三条　县级以上人民政府住房城乡建设主管部门应当依照有关法律法规和本规定，对“安管人员”持证上岗、教育培训和履行职责等情况进行监督检查。

第二十四条　县级以上人民政府住房城乡建设主管部门在实施监督检查时，应当有两名以上监督检查人员参加，不得妨碍企业正常的生产经营活动，不得索取或者收受企业的财物，不得谋取其他利益。

有关企业和个人对依法进行的监督检查应当协助与配合，不得拒绝或者阻挠。

第二十五条　县级以上人民政府住房城乡建设主管部门依法进行监督检查时，发现“安管人员”有违反本规定行为的，应当依法查处并将违法事实、处理结果或者处理建议告知考核机关。

第二十六条　考核机关应当建立本行政区域内“安管人员”的信用档案。违法违规行为、被投诉举报处理、行政处罚等情况应当作为不良行为记入信用档案，并按规定向社会公开。

“安管人员”及其受聘企业应当按规定向考核机关提供相关信息。

第五章　法律责任

第二十七条　“安管人员”隐瞒有关情况或者提供虚假材料申请安全生产考核的，考核机关不予考核，并给予警告；“安管人员”1 年内不得再次申请考核。

“安管人员”以欺骗、贿赂等不正当手段取得安全生产考核合格证书的，由原考核机关撤销安全生产考核合格证书；“安管人员”3 年内不得再次申请考核。

第二十八条　“安管人员”涂改、倒卖、出租、出借或者以其他形式非法转让安全生产考核合格证书的，由县级以上地方人民政府住房城乡建设主管部门给予警告，并处

1000元以上5000元以下的罚款。

第二十九条 建筑施工企业未按规定开展“安管人员”安全生产教育培训考核，或者未按规定如实将考核情况记入安全生产教育培训档案的，由县级以上地方人民政府住房城乡建设主管部门责令限期改正，并处2万元以下的罚款。

第三十条 建筑施工企业有下列行为之一的，由县级以上人民政府住房城乡建设主管部门责令限期改正；逾期未改正的，责令停业整顿，并处2万元以下的罚款；导致不具备《安全生产许可证条例》规定的安全生产条件的，应当依法暂扣或者吊销安全生产许可证：

（一）未按规定设立安全生产管理机构的；

（二）未按规定配备专职安全生产管理人员的；

（三）危险性较大的分部分项工程施工时未安排专职安全生产管理人员现场监督的；

（四）“安管人员”未取得安全生产考核合格证书的。

第三十一条 “安管人员”未按规定办理证书变更的，由县级以上地方人民政府住房城乡建设主管部门责令限期改正，并处1000元以上5000元以下的罚款。

第三十二条 主要负责人、项目负责人未按规定履行安全生产管理职责的，由县级以上人民政府住房城乡建设主管部门责令限期改正；逾期未改正的，责令建筑施工企业停业整顿；造成生产安全事故或者其他严重后果的，按照《生产安全事故报告和调查处理条例》的有关规定，依法暂扣或者吊销安全生产考核合格证书；构成犯罪的，依法追究刑事责任。

主要负责人、项目负责人有前款违法行为，尚不够刑事处罚的，处2万元以上20万元以下的罚款或者按照管理权限给予撤职处分；自刑罚执行完毕或者受处分之日起，5年内不得担任建筑施工企业的主要负责人、项目负责人。

第三十三条 专职安全生产管理人员未按规定履行安全生产管理职责的，由县级以上地方人民政府住房城乡建设主管部门责令限期改正，并处1000元以上5000元以下的罚款；造成生产安全事故或者其他严重后果的，按照《生产安全事故报告和调查处理条例》的有关规定，依法暂扣或者吊销安全生产考核合格证书；构成犯罪的，依法追究刑事责任。

第三十四条 县级以上人民政府住房城乡建设主管部门及其工作人员，有下列情形之一的，由其上级行政机关或者监察机关责令改正，对直接负责的主管人员和其他直接责任人员依法给予处分；构成犯罪的，依法追究刑事责任：

（一）向不具备法定条件的“安管人员”核发安全生产考核合格证书的；

（二）对符合法定条件的“安管人员”不予核发或者不在法定期限内核发安全生产考核合格证书的；

（三）对符合法定条件的申请不予受理或者未在法定期限内办理完毕的；

（四）利用职务上的便利，索取或者收受他人财物或者谋取其他利益的；

（五）不依法履行监督管理职责，造成严重后果的。

第六章 附则

第三十五条 本规定自2014年9月1日起施行。

附录二　本书引用的法律法规、部门规章、规范性文件、技术标准、规范和规程

法律

1.《中华人民共和国建筑法》（中华人民共和国主席令第 91 号）2011

2.《中华人民共和国安全生产法》（中华人民共和国主席令第 13 号）2014

3.《中华人民共和国特种设备安全法》（中华人民共和国主席令第 4 号）2013

行政法规

1.《建设工程安全生产管理条例》（中华人民共和国国务院令　第 393 号）

2.《生产安全事故报告和调查处理条例》（中华人民共和国国务院令　第 493 号）

3.《安全生产许可证条例》（中华人民共和国国务院令　第 397 号）

4.《特种设备安全监察条例》（中华人民共和国国务院令　第 373 号）

部门规章及主要规范性文件

1. 建筑施工企业安全生产许可证管理规定（中华人民共和国建设部令　第 128 号）

2. 建筑施工安全生产标准化考评暂行规定（住建部 [2018]37 号）

3. 建筑施工企业主要负责人 . 项目负责人和专职安全生产管理人员安全生产管理规定（中华人民共和国住房和城乡建设部令　第 17 号）

4. 建筑施工特种作业人员管理规定（建质 [2008]75 号）

5. 危险性较大的分部分项工程安全管理规定（住建部 [2018]37 号）

6. 建筑工程安全防护 . 文明施工措施费用及使用管理规定（建办 [2005]89 号）

7. 建筑施工企业负责人及项目负责人施工现场带班暂行办法（建质 [2011]111 号）

8. 房屋市政工程生产安全重大隐患排查治理挂牌督办暂行办法（建质 [2011]158 号）

9. 建筑起重机械安全监督管理规定（中华人民共和国建设部令　第 166 号）

10. 建筑起重机械备案登记办法（建质 [2008]76 号）

11. 房屋市政工程生产安全和质量事故查处督办暂行办法（建质 [2011]66 号）

12. 房屋市政工程生产安全事故报告和查处工作规程（建质 [2013]4 号）

13. 房屋建筑和市政基础设施工程施工安全监督规定（建质 [2014]153 号）

14. 房屋建筑和市政基础设施工程施工安全监督工作规程（建质 [2014]154 号）技

标准、规范和规程

1.《施工企业安全生产评价标准》JGJ/T 77—2010

2.《建筑施工安全检查标准》JGJ 59—2011

3.《建设工程施工现场环境与卫生标准》JGJ 146—2013

4.《企业职工伤亡事故分类》GB 6441—1986

5.《施工企业安全生产管理规范》GB 50656—2011

6.《建筑施工企业信息化评价标准》JGJ/T 272—2012

7.《建筑施工安全技术统一规范》GB 50870—2013
8.《建筑结构荷载规范》GB 50009—2012
9.《建筑工程可持续性评价标准》JGJ/T 222—2011
10.《企业安全生产标准化基本规范》AQ/T 9006—2010
11.《建筑施工土石方工程安全技术规范》JGJ 180—2009
12.《岩土锚杆与喷射混凝土支护工程技术规范》GB 50086—2015
13.《建筑边坡工程技术规范》GB 50330—2013
14.《建筑基坑工程监测技术规范》GB 50497—2009
15.《建筑基坑支护技术规程》JGJ 120—2012
16.《建筑深基坑工程施工安全技术规范》JGJ 311—2013
17.《建筑地基处理技术规范》JGJ 79—2012
18.《用电安全导则》GB/T 13869—2017
19.《建设工程施工现场供用电安全规范》GB 50194—2014
20.《施工现场临时用电安全技术规范》JGJ 46—2005
21.《手持式电动工具的管理、使用、检查和维修安全技术规程》GB/T 3787—2006
22.《建筑物防雷设计规范》GB 50057—2010
23.《剩余电流动作保护装置安装和运行》GB/T 13955—2005
24.《建筑施工高处作业安全技术规范》JGJ 80—2016
25.《建筑外墙清洗维护技术规程》JGJ1 68—2009
26.《油漆与粉刷作业安全规范》AQ 5205—2008
27.《座板式单人吊具悬吊作业安全技术规范》GB 23525—2009
28.《高处作业分级》GB/T 3608—2008
29.《建筑施工门式钢管脚手架安全技术规范》JGJ 128—2010
30.《建筑施工扣件式钢管脚手架安全技术规范》JGJ 130—2011
31.《建筑施工碗扣式钢管脚手架安全技术规范》JGJ 166—2016
32.《建筑施工工具式脚手架安全技术规范》JGJ 202—2010
33.《建筑施工木脚手架安全技术规范》JGJ 164—2008
34.《液压升降整体脚手架安全技术规程》JGJ 183—2009
35.《建筑施工竹脚手架安全技术规范》JGJ 254—2011
36.《建筑施工临时支撑结构技术规范》JGJ 300—2013
37.《建筑施工承插型盘扣式钢管支架安全技术规程》JGJ 231—2010
38.《承插型盘扣式钢管支架构件》JG/T 503—2016
39.《建筑施工模板安全技术规范》JGJ 162—2008
40.《液压滑动模板施工安全技术规程》JGJ 65—2013
41.《租赁模板脚手架维修保养技术规范》GB 50829—2013
42.《钢管满堂支架预压技术规程》JGJ/T 194—2009
43.《起重机　安全标志和危险图形符号　总则》GB/T 15052—2010
44.《起重机　吊装工和指挥人员的培训》GB/T 23721—2009
45.《起重机司机（操作员）、吊装工、指挥人员和评审员的资格要求》GB/T 23722—2009

46.《高处作业吊篮》GB/T 19155—2003
47.《建筑机械使用安全技术规程》JGJ 33—2012
48.《大型塔式起重机混凝土基础工程技术规程》JGJ/T 301—2013
49.《高处作业吊篮安装、拆卸、使用技术规程》JB/T 1699—2013
50.《重要用途钢丝绳》GB/T 8918—2006
51.《起重机械定期检验规则》TSG Q7015—2016
52.《建筑施工升降机安装、使用、拆卸安全技术规程》JGJ 215—2010
53.《吊笼有垂直导向的人货两用施工升降机》GB/T 26557—2011
54.《建筑施工机械与设备　钻孔设备安全规范》GB 26545—2011
55.《建筑施工机械与设备　旋挖钻机成孔施工通用规程》GB/T 25695—2010
56.《建筑施工升降设备设施检验标准》JGJ 305—2013
57.《钢丝绳用压板》GB/T 5975—2006
58.《建筑施工起重吊装工程安全技术规范》JGJ 276—2012
59.《起重机械安装改造重大修理监督检验规则》TSG Q7016—2016
60.《施工现场机械设备检查技术规范》JGJ 160—2016
61.《机械设备安装工程施工及验收通用规范》GB 50231—2009
62.《起重吊钩　第 1 部分：力学性能、起重量、应力及材料》GB/T 10051.1—2010
63.《钢丝绳用楔形接头》GB/T 5973—2006
64.《起重机设计规范》GB/T 3811—2008
65.《施工现场机械设备检查技术规范》JGJ 160—2016
66.《建筑拆除工程安全技术规范》JGJ 147—2016
67.《缺氧危险作业安全规程》GB 8958—2006
68.《焊接与切割安全》GB 9448—1999
69.《爆破安全规程》GB 6722—2014
70.《高温作业分级》GB/T 4200—2008
71.《危险化学品重大危险源辨识》GB 18218—2009
72.《常用化学危险品贮存通则》GB 15603—1995
73.《生产过程危险和有害因素分类与代码》GB/T 13861—2009
74.《高层建筑岩土工程勘察标准》JGJ 72—2017
75.《建筑地基基础设计规范》GB 50007—2011
76.《建筑涂装安全通则》AQ 5210—2011
77.《安全网》GB 5725—2009
78.《安全带》GB 6095—2009
79.《安全带测试方法》GB/T 6096—2009
80.《安全帽》GB 2811—2007
81.《安全帽测试方法》GB/T 2812—2006
82.《建筑施工作业劳动防护用品配备及使用标准》JGJ 184—2009
83.《坠落防护安全绳》GB 24543—2009
84.《坠落防护装备安全使用规范》GB/T 23468—2009

85.《个体防护装备选用规范》GB/T 11651—2008
86.《建筑施工场界环境噪声排放标准》GB 12523—2011
87.《安全标志及其使用导则》GB 2894—2008
88.《安全色》GB 2893—2008
89.《生产经营单位生产安全事故应急预案编制导则》GB/T 29639—2013
90.《生产经营单位安全生产事故应急预案编制导则》AQ/T 9002—2006
91.《建筑施工组织设计规范》GB/T 50502—2009
92.《建设工程施工现场安全资料管理规程》CECS 266—2009
93.《建设工程施工现场消防安全技术规范》GB 50720—2011
94.《建筑工程用索》JG/T 330—2011
95.《钢结构工程施工规范》GB 50755—2012